正确减糖

[日] 小田原雅人　[日] 沼津利惠——编著
范宏涛　肖锟——译

科学技术文献出版社
SCIENTIFIC AND TECHNICAL DOCUMENTATION PRESS
·北京·

图书在版编目（CIP）数据

正确减糖 /（日）小田原雅人，（日）沼津利惠编著；范宏涛，肖锟译．— 北京：科学技术文献出版社，2021.5

ISBN 978-7-5189-7890-8

Ⅰ．①正… Ⅱ．①小… ②沼… ③范… ④肖… Ⅲ．①保健—食谱 Ⅳ．① TS972.161

中国版本图书馆 CIP 数据核字（2021）第 089338 号

正确减糖

策划编辑：王黛君　责任编辑：王黛君　宋嘉婧　责任校对：张永霞　责任出版：张志平

出 版 者　科学技术文献出版社
地　　址　北京市复兴路 15 号　邮编 100038
编 务 部　（010）58882938，58882087（传真）
发 行 部　（010）58882868，58882870（传真）
邮 购 部　（010）58882873
官方网址　www.stdp.com.cn
发 行 者　科学技术文献出版社发行　全国各地新华书店经销
印 刷 者　艺堂印刷（天津）有限公司
版　　次　2021 年 5 月第 1 版　2021 年 5 月第 1 次印刷
开　　本　710 × 1000　1/16
字　　数　182 千
印　　张　9
书　　号　ISBN 978-7-5189-7890-8
定　　价　59.90 元

目录

每道菜都是减糖的好伙伴

减糖主菜

可以借助微波炉，非常方便

减糖预制菜

少吃米饭和面条也没关系

减糖主食

蔬菜和蛋白质都很充足

减糖配菜

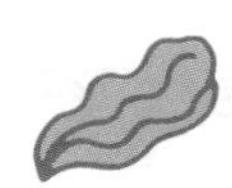

西餐、中餐和日餐里的经典汤汁让你大饱口福

减糖汤菜

减肥时吃也没关系

减糖小吃与甜点

不同情况

Part 4 点外卖时如何规避高糖食品?

完全明白

Part 5 关于减糖的疑惑与解答

附录　家常菜、食材的含糖量

本书内容导航

一书在手，让大家在享用美食的同时学会正确减糖。

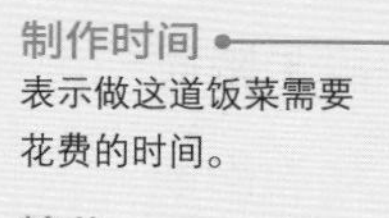

制作时间
表示做这道饭菜需要花费的时间。

糖分
表示所有食材中的糖分、热量和盐分。

减糖的关键点
表示如何选择含糖量低的食材，如何在做饭时减少糖分摄取。

每个菜谱，我们都介绍了减糖的关键点和选择食材的方法。此外，每道菜的制作时间、糖分、热量及其使用场合，也都标注了出来。

食用场合
比如，是早餐吃还是晚餐吃，是当作零食吃还是正餐吃等。

关于菜谱的说明

- 一小勺一般指 5 毫升，1 大勺一般指 15 毫升。
- 有关食材，仅计算可食用部分的种类。
- 如果制作方法中没有特别说明使用大火、小火或者中火，一般均指中火。
- 不同电烤箱或烤面包器的加热时间不同，使用时要多加注意，酌情增减时间。
- 微波炉功率一般指 600 瓦。如果是 500 瓦的话，那么加热时间要乘以 1.2。不同功率加热时间不同，需要注意。
- 如果没有特别说明，酱油一般指浓酱油，白糖是上等白糖，醋是谷物醋，味噌是信州味噌，黄油不能含盐，鲜奶油是乳脂奶油，酸奶不能含糖。
- 不建议给不满一岁的孩子喂食蜂蜜。
- 饭菜中的糖分、热量、盐分总量，不包含配菜的在内。
- 食材一般均标注可供几人食用。
- 制作时间，不包括放置时间、散热时间以及在冷藏室的冷藏时间等。

序言一　让我们学会健康减肥

减糖的关键在于长期坚持

限制饮食，是减肥的基本做法。现在，很多人都面临糖分摄取过多的问题，而只有减少糖分摄取并长期坚持，才能实现自己的减肥梦想。

通过减糖来减肥不仅做起来容易，而且短期之内就能见效。但是，这种方法有其特殊之处。此举对糖尿病的预防和改善、健康到底会产生什么样的影响，相关研究还存在一定的争议。如果采取极端手段来限制糖分摄取，不仅容易出现反弹，而且还可能增加胆固醇含量，从而影响身体健康。

减肥或减糖的本来目的，不仅是减轻体重，更重要的是借此践行健康的饮食生活。只有保证身体健康，才能正确减糖。对此，我希望大家按照本书的指导坚持到底，减肥成功。

东京医科大学教授　**小田原雅人**

东京医科大学代谢科、内分泌科、风湿病科、胶原病内科主任，教授。主治糖尿病、动脉硬化、代谢异常等疾病。他对相关疾病判断准确，治疗彻底，对患者细心关怀，改善了大量糖尿病患者的病痛症状。此外，他还积极参与电视、媒体活动，并借此推广健康生活理念。据说他有一次参加电视节目介绍青花鱼罐头的功效，第二天日本超市的青花鱼罐头便被抢购一空。

序言二　正确减糖的“减肥菜谱”

既能品尝美味，又能正确减糖的秘诀

当我告诉别人“我爱人成功从 93 公斤减到了 68 公斤”后，大家都颇为吃惊。他们都觉得，这一定是我这个营养管理师发挥了重要作用。其实，答案并非如此。实际上，我爱人在控制暴饮暴食的同时，主要是按照本书的“减肥菜谱”才成功瘦身。我爱人的真实经历证明：只要选好食材，并注意食材的烹饪方法和自己的饮食方式，就可以起到良好的减肥效果。这么做不仅不会反弹，还能确保身体健康。

饮食本是人生的快乐之一。如果强忍着不去吃想吃的美食，或者仅仅在意糖分或热量而与美味失之交臂，那只能导致本末倒置。对此，本书就是既让大家快乐地享用美味，同时又能选好食材合理减肥。如果本书能让大家快乐减肥，那将是我最大的欣慰。

营养管理师 **沼津利惠**

经营“烹调会”这一专业料理课堂。她性格爽朗，所推荐的菜单通俗易懂，因此广受好评。著有《教你做酱菜》《减糖菜单》等作品。此外，她还和丈夫合著《从 93 公斤到 68 公斤：家庭减肥妙招》，此书记录了丈夫成功减肥的经过。

你是否能够健康减肥？

看起来简单的食品，含糖量却很惊人。

看起来健康但
糖分高
的菜

注意高糖食品

土豆沙拉汉堡、南瓜粥、酸奶拌蔬菜，这三种看起来简单的饮食搭配，却含有较多的糖分。南瓜、土豆以及甜果汁等虽然热量并不算高，但是糖分不容忽视。如果想减肥，就得引起注意。

土豆沙拉汉堡	**糖分** 53.8 克	热量 399 大卡
南瓜粥	**糖分** 13.9 克	热量 159 大卡
酸奶拌蔬菜	**糖分** 16.3 克	热量 78 大卡

糖分总量 **84.0 克** 热量 636 大卡

忙碌的人很容易糖分摄取过多

当前，人们忙忙碌碌地生活，很少有人有充裕的时间享用美食。因此，那些唾手可得的手握寿司、三明治、拉面、乌冬面等便利食品，成为日常饮食的替代品。这些食物含糖量高，而维生素、蛋白质含量很少。

不仅如此，这些食物吃完之后还容易感到饥饿，然后就会不自觉地想吃点甜点，喝点果汁。这样一来，无形之中就导致糖分摄取过量，体重自然会增加。

可以安心食用的食品

先看一下以下食材的含糖量。

S

量大但
减糖
的搭配

炸鸡排	**糖分** 0.2 克	热量 307 大卡
鸡蛋油豆腐大虾沙拉	**糖分** 1.0 克	热量 101 大卡
火腿芜菁拌柠檬	**糖分** 2.3 克	热量 75 大卡
杏鲍菇鳕鱼汤	**糖分** 1.1 克	热量 70 大卡
杂粮米饭	**糖分** 29.8 克	热量 145 大卡

糖分总量 **34.4 克** 热量 698 大卡

即使量大，只要含糖量低就没关系

有人觉得左图食材的含糖量高，但实际上很少。这些食材以优质蛋白质为核心，搭配了蔬菜和大豆制品，加上主食是杂粮，因此不仅营养丰富，而且营养十分均衡，对减肥非常有效。

有时候不注意，糖分摄取就可能过多

日本人的饮食以米饭为中心，和欧美那些喜欢吃肉类、鱼类的国家相比，容易导致糖分摄取过量。此外，很多人还喜欢在饭里加入甜味或辣味调料，这也是糖分摄取过多的原因之一。

当然，糖分摄取过多会变胖，但是它也是我们身体和大脑活动不可缺少的能量源。因此，仅仅减糖，并不是健康减肥的关键。所以建议大家一定要按照本书介绍的方法认真学习。

本书介绍的

正确减糖的三大优点

要想真正瘦下来，就不要采取极端的减糖方式，

而应该循序渐进，这样对身体也有好处。

优点一

健健康康瘦下来

所谓正确减糖，就是减少摄取过多的糖分，同时充分摄取蛋白质、脂肪、维生素和矿物质等营养物质。一日三餐如果营养均衡，那么不用限制辛辣和油腻，也能健康减肥。

优点二

只有营养均衡，才有益于健康

要想减糖，首先要控制甜食的摄取。然后，调整主食和活动量，同时摄取适当的能量。比如，肉类、鱼类、蛋类、乳制品、大豆制品等都富含蛋白质，能够增加肌肉量和灵活度，对身体健康也有好处。

优点三

调整生活习惯，容易长寿

通过减糖达到目标体重之后，千万不要又回到原来的饮食节奏中，一定要养成良好的饮食习惯，确保糖分摄取不过多。要知道，保持合理的体重，不但可以稳定血糖，防止糖尿病、高血压、动脉硬化、心脏病等疾病，而且有益于健康，能够延年益寿。

Part 1

正确减糖

通过减糖
轻松减肥的
基础知识

无论你是想通过减糖来尝试减肥，

还是已经在减肥的路上，

我们都应先从正确理解减糖开始！

减糖减肥法的注意事项：

- 小孩或者孕妇不适用减糖减肥法。
- 正在口服降糖药或注射胰岛素的糖尿病患者，如果减糖就可能引发低血糖，所以一定要谨遵医嘱。
- 血检发现血液中肌酸酐偏高的人，可能出现肾脏问题、活动性胰腺炎、肝硬化等情况，不适用减糖减肥法。

在减糖之前

1

正确理解「减糖」

糖类是什么？

糖类就是富含在谷类或者蔗糖中的重要能量来源

糖类，是碳水化合物这一营养物质去除食物纤维后的东西，在米、小麦等谷物以及日式点心、白糖、薯类、水果等食物中有着丰富的储存。具体而言，平均1克食材就包含大约4大卡能量。

糖类进入人体后会被分解成葡萄糖，从而成为人体的能量。除了身体外，大脑的能量消耗也非常大。因此，每天最起码要摄取100克糖类，即相当于400大卡能量。

为什么摄取过多糖类，就会出现问题？

因为这会引起肥胖或生活方式病[1]

如果通过食物摄取适量的糖类，然后转化成能量被身体吸收，那当然没有问题。但是，如果摄取过多糖类，那就会变成体内脂肪，进而引起肥胖。更为麻烦的是，这样还很容易引发以糖尿病为代表的生活方式病。

尤其需要注意的是果糖和蔗糖这些被称为单糖和二糖的物质。众所周知，糖类分为不同种类，而在这些种类中，上述两类因分子小，加之又比主食淀粉中的糖类容易吸收，所以特别容易摄取过多。

糖类种类不同，吸收速度也不同

糖类中有单糖类、二糖类、多糖类等类型。水果等食物中果糖和蔗糖比较多，而这些糖类最大的特征就是甜，而且分子小，很容易被人体吸收，因此吃完后血糖会迅速上升。与之相比，谷物和薯类淀粉中的多糖要比单糖或二糖吸收慢，血糖上升也迟缓，吃完之后相对不容易发胖。

1 生活方式病：发达国家对一些慢性非传染性疾病进行大量调查研究得出的结论。这些慢性非传染性疾病的主要病因是人们的不良生活方式。

减糖是什么意思？

减糖就是减掉过剩的糖分，吃饭后不容易变胖

认为“减糖 = 只要去除糖类就好”的想法，显然过于武断。要知道，糖类广泛存在于主食、甜味食品，以及其他食品中，而且一旦完全剔除饮食中的糖类，还会引发营养不良。

此外，如果长期不摄取糖类，耐糖能力（血糖升高时，将其控制在正常范围的能力）就会下降，从而导致血糖难以降低。

如果糖分摄取过多的人进行减糖，就可以通过摄取蛋白质或脂肪来补充能量，还可以促进食物纤维或维生素的获取，促进人体代谢。因此，我们要注意饮食，尽量吃一些不易发胖的食品。

在减糖之前 2

了解胖与瘦的本质

糖类是产生“胖”与“瘦”的界限？

糖分只要够了就可以，多余则会变成脂肪

糖分摄取过多就会变胖，然而在此之前，还要经历若干阶段。首先，糖类会在体内分解成葡萄糖，进而成为身体和大脑的能量源。糖类超量的部分，则会在控制血糖的胰岛素的作用下，储藏在内脏、皮下脂肪或肌肉中。

需要注意的是葡萄糖的超量。此时，胰岛素会将葡萄糖转化为脂肪，最终形成脂肪组织。这些脂肪组织还会抑制脂肪的分解，让人更容易发胖。

胰岛素和肥胖有什么关系？

减糖的关键就是血糖和胰岛素

胰岛素不仅发挥着降低血糖的作用，而且还会促进肥胖。如果好好注意糖类的摄取量及其摄取方式，就可以抑制与血糖快速升高而同步分泌出的大量胰岛素，从而使身体不易变胖。

胰岛素如果持续分泌过剩，那么分泌量就会减少，功效就会降低，从而导致血糖难以下降。对此，大家一定要弄清糖类、血糖和胰岛素之间的关系。

注意！

用“酮体”来控制糖类很危险

如果不摄取糖类，人体内的能量源就会不足，那就需要酮体（肝脏分解脂肪的过程中产生的物质）来弥补。但是要知道，通常只有在紧急时刻才需要酮体的介入。要用酮体来代替能量，就得彻底进行糖类限制。这样的话就会引发健康问题，所以尽量不要滥用酮体。

通过减糖来瘦身的诀窍

控制糖类，维持其他营养元素的平衡

在体内分解成葡萄糖和氨基酸

血糖上升慢，胰岛素分泌少

如果葡萄糖不足，蛋白质和脂肪就会充当能量源

脂肪不会堆积

变瘦

控制糖类，然后在蛋白质、脂肪均衡的情况下，血糖会缓慢上升，胰岛素的分泌量就会得到控制。因为血糖不会迅速上升或下降，肚子也不会那么容易感到饥饿。

糖类过多导致肥胖的原理

偏食，糖分摄取过多

在体内分解成大量葡萄糖

血糖快速上升，胰岛素大量分泌

剩余部分转化为脂肪

附着在内脏、皮下脂肪或肌肉上

成为可以使用的能量源

变胖

作为“肥胖激素”的胰岛素，其实是从胰腺分泌出来的激素。身体摄取的糖类越多，胰岛素的分泌量就越多，而多余部分的葡萄糖就会储存起来形成脂肪。在胰岛素的作用下，血糖会快速下降，人就容易产生空腹感，从而形成恶性循环。

在减糖之前 3

持续减糖的原则

原则 1

一天的糖分摄取量应该占食物热量的40%

你的糖分摄取量是多少？

一般认为，一天的糖分摄取量会占到全部热量的 50%~65%。如果不是疯狂减肥，那么糖分摄取量控制在总热量的 40% 左右比较合理。根据本节（7页）的公式，就可以计算出每天的糖分摄取量。当然，首先是零食（如甜点、甜饮）量，其次是主食。

一天的糖分摄取量可以简单算出来

本书介绍的正确减糖法，是指一天的糖分摄取量大约占整个食物热量的 40% 左右。首先，我们可以以自己必需的能量（热量）为基准，来计算每天的糖分摄取量。

正解减糖法的糖量计算方式

一天必需的能量 × 40% ÷ 4大卡（相当于每克糖的热量）= 一天的糖分摄取量

一天必需的能量表（大卡）

身体活动量	18~29岁		30~49岁		50~69岁		70岁以上	
	女性	男性	女性	男性	女性	男性	女性	男性
低	1650	2300	1750	2300	1650	2100	1500	1850
中	1950	2650	2000	2650	1900	2450	1750	2200
高	2200	3050	2300	3050	2200	2800	2000	2500

※ 数据来源于日本厚生劳动省《日本人食物摄取标准》（2015 年版）

身体活动量大小

低：办公室工作或一般事务性工作。

中：从事站立工作、做家务或进行简单运动等，身体总体上处于运动状态。

高：从事体力工作或者比较剧烈的体育运动。

以 30~40 岁在办公室工作的女性为例

1750大卡（一天必需的能量）× 0.4（40%）÷ 4（相当于每克糖的热量）= 175克（一天的糖分摄取量）

175克的糖量

相当于3小碗米饭

＋

一根香蕉

糖分摄取过多或过少都不行，只有适量才不容易发胖

通过进食摄取的糖分如果稍微少于身体的需求量时，身体就会通过燃脂来实现能量转换。但是，如果摄取过少就会出现问题。出于健康考虑，每天的糖分摄取量应不低于 100 克。

注意：高血糖或糖尿病患者，在照此实践之前，应先咨询医生。

原则 2

应以GI值（血糖生成指数）较低的食物作为主食

选择低 GI 主食，避免血糖迅速升高

通过调控主食来减少糖类摄取量的同时，也可以借助控制血糖升高的方式，让自己不容易发胖。

食物摄取后血糖是否升高取决于食物的 GI 值。所谓 GI 值，就是人体进食后机体血糖的变化情况。以大米为例，糙米要比精细的白米 GI 值低。人体消化、吸收糙米的速度比较慢，糙米还可以为人体提供维生素、矿物质、食物纤维等糖类以外的营养物质。

GI 值高的食品

一般来说，颜色比较白或柔软的食物，其 GI 值都比较高。吃完这些食物之后，血糖上升的速度快，胰岛素分泌多。

→ **摄取后血糖上升快的食物**

面包

乌冬面

GI值低的食品

颜色比较黑或咀嚼起来比较费劲的食物 GI 值都比较低。吃完这些食物之后，血糖上升的速度慢，胰岛素分泌少。

→ **饭后血糖上升慢的食物**

全麦面包

荞麦面

低 GI 值主食的选择方法

一般来说，相较于粉末状淀类为原料的面包或面条，颗粒状米饭的 GI 值相对较低。同时，也可以通过颜色来区分。比如，白色主食的 GI 值偏高，黑色或茶色主食的 GI 值偏低。

米饭 推荐嚼起来费劲的糙米或杂粮。

白米或甜味寿司的GI值高，而食物纤维丰富的糙米或杂粮GI值低。

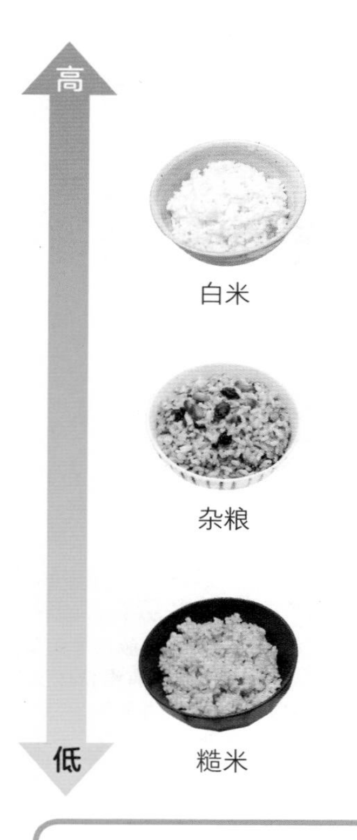

推荐黑麦或全麦面包。

相比精制小麦粉做的面包，多吃未经过深加工的黑麦面包或全麦面包比较好。

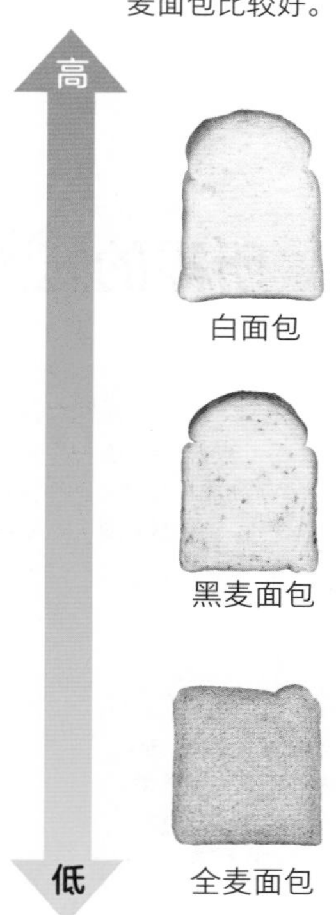

推荐食物纤维丰富的荞麦面。

在面食中，多吃点荞麦面较为合理。尽量避免食用焯水后较硬的食物，以免血糖迅速升高。

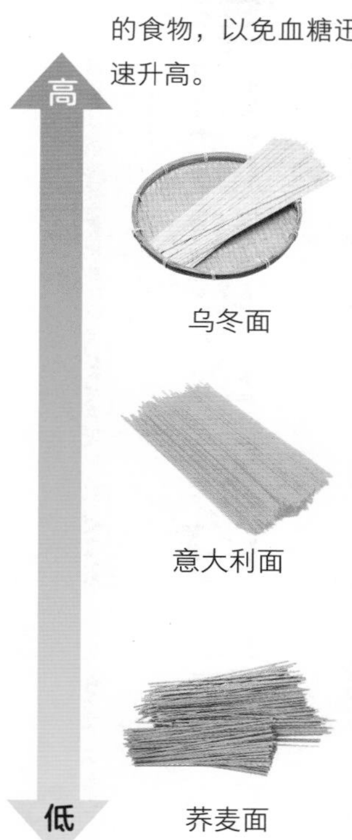

主食之外，选择精制程度低的食品

和米饭、面包一样，建议大家食用红糖。不管是哪种糖类，其GI值都比较高，但是与精制的白糖或细蔗糖相比，红糖和黑蔗糖含有一定的矿物质和维生素。在注意用量的同时，一般来说黑色食材比白色要健康一些。

原则 3

确保蛋白质和维生素的摄取

仅仅依靠控制主食来减糖会导致营养不良

也许有人觉得“只要从以前的饮食中去掉主食，就可以轻松搞定减糖”。然而实际上，这样做会导致身体能量不足，进而很容易产生饥饿感，最终让人吃下更多东西。

要说减糖，其实没有必要完全不吃主食。我们在控制主食的同时，可以补充一些鱼类、肉类食品，以此来获取蛋白质和脂肪，保持必要的身体热量。此外，还需从蔬菜中充分摄取维生素和矿物质。这样肌体才有活力，代谢才能正常。

身体所需的五大营养物质

蛋白质

蛋白质是生成肌肉、皮肤、血液等身体组织的基础，也是身体的重要能量源。

在减糖的时候，要多补充一些蛋白质。

矿物质

矿物质是包括钙、钠、镁、铁、锌等在内的元素，主要用于调节人体的机能。肉、鱼、蔬菜、海藻等食材中矿物质含量比较丰富。

脂肪

1克脂肪中，一般包含9大卡能量。脂肪具有维持体温和吸收脂溶性维生素等功能。不过，摄取过多也会导致肥胖。

碳水化合物

以糖类为代表，碳水化合物是人体和大脑的主要动力源。糖类摄取过多会导致肥胖，但是如果摄取不足，则会引发疲劳，容易让人产生压力。

维生素

维生素是维持身体活动不可或缺的物质。维生素具有脂溶性和水溶性两类，除了蔬菜和水果外，肉类和鱼类中的维生素含量也比较丰富。

营养均衡又减糖的妙招

即使要减少糖分，也要摄取适当的热量，保持营养均衡，这才是成功减肥的关键。对此，我建议大家不妨尝试以下三种做法。

摄取适量油类

油类属于高热量物质，可以成为高效的能量源。油类中含有促进血液循环，燃烧身体脂肪的物质。比如，Ω-3 脂肪酸（如亚麻籽油、白苏油、鱼类的 DHA[1] 或 EPA[2] 等）或 Ω-9 脂肪酸（如橄榄油）。

充分补充蛋白质

为了保证肌肉量和基础代谢不下降、不反弹，那么蛋白质的摄取必不可少。一般来说，18 岁以上的男性每天应摄取约 60 克蛋白质，女性每天应摄取约 50 克蛋白质。因此，肉、鱼类、蛋类、乳制品、大豆制品等的摄取必不可少。

增加蔬菜、菌菇和海藻的摄取

这类食材中包含丰富的维生素、矿物质、食物纤维。它们既是减糖不可或缺的存在，也是促进蛋白质和脂肪代谢的重要支撑。此外，它们还有美肌、减压等各种功效。

1 DHA：二十二碳六烯酸。
2 EPA：二十碳五烯酸。

原则
4

改变糖分过多的饮食习惯

你的饮食习惯是不是在助长肥胖？

不经意间，就喝了些甜饮，吃了些甜点……这些，都是糖分摄取过多者的典型表现。此外，吃饭太快，或者晚饭经常放在 9 点以后的人，也要引起注意。看起来和糖类无关的饮食习惯，却往往会给我们的减糖带来麻烦。

吃什么当然重要，怎么吃也非常关键。因此，我们有必要反思一下自己的饮食习惯。对此，如果把食材和吃饭时间都整理出来，那就方便多了。

《饮食习惯大检验》

□ 主食偏多

拉面配大碗饭，再加上咖喱等东西，很容易导致糖类过量而蛋白质、维生素摄取不足。

□ 不吃早餐，晚餐太饱

不吃早餐持续空腹，很容易导致白天的血糖快速上升。晚饭后，能量不易消耗，吃多就会发胖。

□ 晚上吃太晚

要想减糖，最好在睡前 2 小时之前结束晚餐，因为睡前尚未被消化的部分很容易变成脂肪，堆积在体内。

看到甜饮或甜点就忍不住

首先，不要囤货。买东西的时候，要习惯对目之所及、探手可得的食品保持“警惕”。吃东西的时候，也要定量。

喜欢重盐或重油腻的东西

辛辣或其他味道重的下饭菜配米饭或面包时，更容易让人多吃。因此，在控制其他食物的糖类时，下饭菜往往会让减糖功亏一篑。

吃得太快

一般来说，细嚼慢咽会减缓糖类的吸收。如果吃饭时间不到 20 分钟，那么饱腹感就不容易传递给大脑，这样就容易吃多。

饮食时间不规律

最好在固定时间吃定量的食物。如果饮食时间不规律，吃东西就会增加，糖分或能量摄取就会超标。

吃得太饱

依靠主食而获得饱腹感的人要特别注意。可以在饭前喝点水，吃点蔬菜、菌菇或者海藻类食物，避免主食过量。

上述几点，都不利于减糖，一定要引起重视！

在减糖之前

4

把握减糖的关键点

误区 ◀…… 糖分越少越易瘦

过分限制糖分摄取无法保证安全

过分限制糖分摄取很难进行长期试验，所以也就难以获取可以信赖的医学数据。报告显示，虽然 3~6 个月左右的短期减糖法比其他方法的减肥效果更为明显，但是 1 年以后，多数方式的减肥效果基本无差别。

相对来说，还是吃饭时控制糖分的摄取比较妥当。众所周知，过分限制糖分摄取的做法一旦停止，就可能引起迅速反弹，肌肉量锐减。因此，我们建议采取缓慢减糖的方式，1 个月体重减少 3 公斤左右为宜。

〈容易出现的错误减糖方式〉

●几乎不摄取糖分

极端减糖很容易引起以下问题：大脑迟钝，无法集中注意力；烦躁，提不起干劲……

●极度控制主食

主食中的糖分是重要的能量源，一定要适量摄取。如果极度控制主食，就会导致身体的营养和能量不足。

●一旦出现低糖，就想多吃肉或脂肪类食物

尽管吃肉或脂肪类食物导致糖分摄取过多的可能性比较小，但是这些食物中的脂肪和能量大多比较高，要引起我们的注意。多吃什么少吃什么，调节平衡非常重要。

只要减糖，不注意能量也没关系

热量摄取过多，可能引发肥胖或生活方式病

控制糖分可以避免血糖的快速上升，这样不易发胖。但是，热量过多也是引发肥胖的重要原因之一。

1 克脂肪中有 9 大卡的热量，而这一数值则是糖类和蛋白质中热量的两倍多。如果喜欢吃含脂肪多的肉类或油炸食品，就不可能瘦下来。因此，我们在吃东西时，不仅要看糖分，还要把握好热量。一般来说，一顿饭平均热量应该在 500~700 大卡，一天三顿饭总计应该是 1500~2100 大卡，这样还可以适当吃点零食。

注意

控制糖分的时候，容易导致盐分过剩

日本人的食盐摄取量

目前
人均 10 克

目标
成年男性 8 克 未达到
成年女性 7 克 未达到

菜肴多，盐分摄取也容易多

男性一天的盐分摄取量应控制在 8 克以内，女性的盐分摄取量应控制在 7 克以内 [1]，而日本高血压学会的《高血压治疗方案》甚至建议将这一数据控制在 6 克以内。然而，日式饭菜很容易盐分过多，现在无论男女，其每天的盐分摄取量都在 10 克左右 [2]。一方面，辛辣可以增加主食的摄取量；另一方面，为了减糖而控制主食，就会增加蔬菜的种类和分量，这样一来就有可能增加盐分的摄取。做饭时，可以用点汤汁、醋、果酸、香味蔬菜等，以此来控制食盐的使用量。

1　数据来源于日本厚生劳动省《日本人食物摄取标准》(2015 年版)。
2　数据来源于日本《国民健康与营养调查》(2018 年版)。

只要控制好糖类摄取量，吃什么都没关系

吃什么很重要，不能用甜食代替主食

减糖期间，糖类摄取量应该占每天摄取能量的 40% 左右。但是，并不是说在这一范围内，吃任何甜食都可以。

主食中的淀粉和甜食中的蔗糖都属于糖类，只是蔗糖更容易引发血糖快速上升或下降，进而更容易让人感到饥饿。此外，蔗糖除了糖类外没有任何营养物质，而且热量高。只有了解糖类的种类和性质，减肥才更有效果。

没有糖类，身体能量就会出现不足

葡萄糖在保障人体与大脑活动方面不可或缺

糖类、蛋白质和脂肪是人体的三大能量源。其中，糖类的分解、消化和吸收都比较快，很容易成为能量源。此外，大脑的能量源主要是糖类分解后形成的葡萄糖，它在大脑运转时消耗很大。脂肪分解后产生的酮体，也是大脑的能量源，而在找到酮体的取代物之前，彻底进行糖类限制会让身体产生负担。摄取糖类的同时不让血糖快速上升，就可以避免身体和大脑能量源的不足。

既然减糖，一个月减重5公斤也没关系

快速减肥也容易迅速反弹

通过减糖来减肥，短期内会有效。但是，如果将一天的糖分摄取量控制在热量的 20% 甚至 10% 左右，刚开始体重的确会减轻，但以后基础代谢会逐渐降低。这样一来，身体接近饥饿状态，于是能量消耗减少，体重就不容易降低，只要稍微多吃点东西体重就会出现反弹。

除了减糖以外，其他减肥方式也一样，迅速减少摄取会伴随风险。这时，会担心恢复以前的饮食习惯出现反作用，因此，建议将一个月的减肥目标定在 3 公斤左右。

达成目标后，就不用减糖了

减糖不仅为减肥，也为拥有健康生活

在减肥期间大吃甜食大喝啤酒，这样做很危险。因为，这样不仅易反弹，而且会引发健康问题。

吃得多，如果再加上运动不足，还会引起糖尿病，导致心肌梗死、中风、肾脏病等疾病的发病率上升。减糖的最终目标不仅是为了瘦身，也是从健康考虑，控制糖类的大量摄取。

专栏

如果身体出现以下问题，那么有可能是减糖方式有误

减糖开始之后，不仅要关注体重，还要关心身体状况的变化。如果出现以下问题，就得审视一下自己的减糖方式。

内心焦急，头脑恍惚

可能是减糖过量引起

糖类分解后产生的葡萄糖是大脑唯一的能量源。如果糖类严重不足，人就很难集中精力，也容易感到疲惫，丧失干劲。如果出现这种情况，就得对照一下自己的糖类摄取量。

容易便秘

可能是食物纤维减少

谷物、根菜等食物中含有大量的碳水化合物，而这些碳水化合物既含有糖类，也有食物纤维。为了减糖而不吃这些食材，容易导致食物纤维摄取不足。对此，应补充富含食物纤维丰富的菌菇、海藻、发酵食品纳豆、奶酪等，用来恢复肠道环境。

感觉体力不足

蛋白质或铁不足，易疲劳

减糖的时候，蛋白质和铁的补给不可缺少。如果蛋白质不足，肌肉就会减少，为全身输送养分的铁不足，则容易产生疲劳。对此，可以吃富含这两种营养物质（蛋白质、铁）的牛肉、动物肝脏或金枪鱼等。

容易出现胃积食

可能是消化机能变弱

与糖类相比，蛋白质和脂肪消化起来比较费时，如果减少主食，增加肉类、鱼类、油等物质的摄取量，那么不仅消化费时，而且会增加肠胃的负担。对此，可以选择豆腐、白身鱼（肉色是白色的鱼）、肉末等相对易消化的食物。

Part 2

食材的
含糖量与选择方式

有的食材含糖量极为丰富，

有的食材含糖量十分稀少。

对此，我们要有基本认知，

然后在饮食中加以注意。

了解食品糖分高低再做选择

注意甜食、主食和调料的食用

一般来说，味道甜且好吃的食品，大都含有糖分。不仅是蔗糖、谷类、蔬菜、豆类，甚至菌菇类食品中，都含有糖分。其中，含糖量高且容易引起血糖快速上升的食材，我们接下来会详细讲到。在市场买东西的时候，我们要养成购买低糖食品的习惯。

此外，在控制食量的同时，也要注意糖分摄取量不能翻倍。比如，拉面与米饭、蛋糕与果汁、烤红薯等，都属于高糖类食品组合。吃这些东西很容易发胖，大家要引起注意。

碳水化合物 大多源于作为主食的谷类

如下图所示，日本人摄取碳水化合物的 60% 基本都是谷类。因此，如果想要减糖，就要适当减少谷类的食用，同时控制果实类、甜点等容易引起血糖快速上升的食物，这样效果才能更好。

碳水化合物摄取构成比例

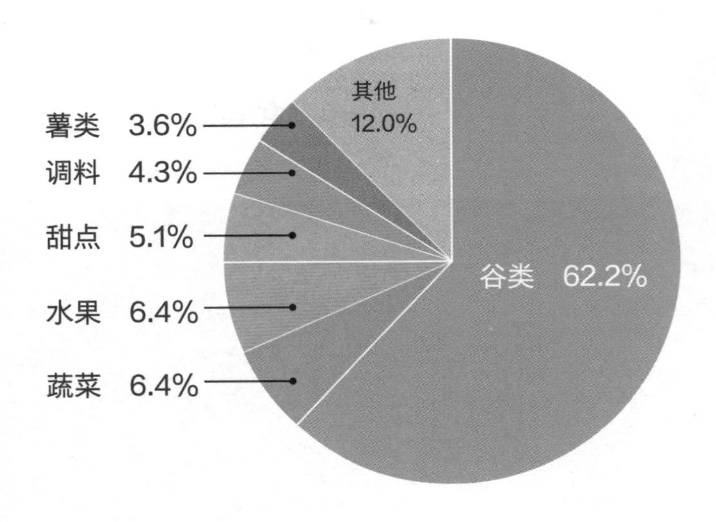

※数据来源于日本《国民健康与营养调查》（2016年版）。

这些含糖量高的食品，注意不要多吃

甜点

日式、西式甜点不用多说，仅仅普通的甜味小吃中也有较多的小麦粉和薯类，这都属于高糖类食物。特别是含有蔗糖的食品，很容易让血糖升高，成为增加中性脂肪的罪魁祸首。因此，尽量避免空腹时大量食用。

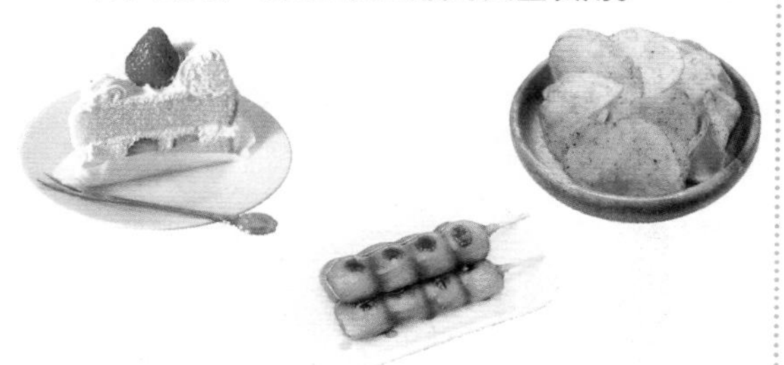

谷类

由米和面粉制作的面包或面食，都属于高糖类食品。很多人用杂粮煎饼和包子等代替主食，对此也要多加注意。

薯类

薯类食品很容易在不经意间就多吃。红薯、土豆、山药等食物中，一方面，含有丰富的维生素 C 和食物纤维，是身体不可或缺的营养物质；但是另一方面，这些食物的糖类含量也很高。此外，用土豆粉制成的粉条、太白粉等，也不能多吃。

水果

水果中所含的果糖属于小分子单糖，这种糖很容易让血糖快速上升，从而导致人体发胖。很多店里都有关于各类水果糖度的标识，一般来说糖度高就等于含糖量高，这一点大家要注意。

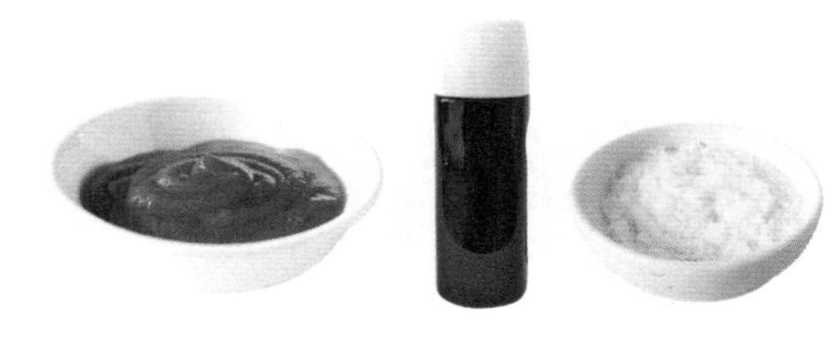

调料

除了砂糖和料酒之外，甜味和勾芡类调料也要控制使用。番茄汁、辣酱油、复合调料、橙醋酱油、寿司醋、色拉调料等，都要看好含糖量再选择。

不仅要注意含糖量和GI值，还要注意减量

参考 GI 值，控制血糖上升

吃主食的时候不仅要注意糖类的量，还要考虑糖类的质。主要参考标准，就是用来表示饭后血糖上升速度的 GI 值。

比如说 100 克面食中的糖分，乌冬面就比意大利面要低，但是乌冬面的 GI 值比较高。糙米、杂米和全麦面包等主食富含食物纤维，吃完后血糖不易上升，建议多吃一点。

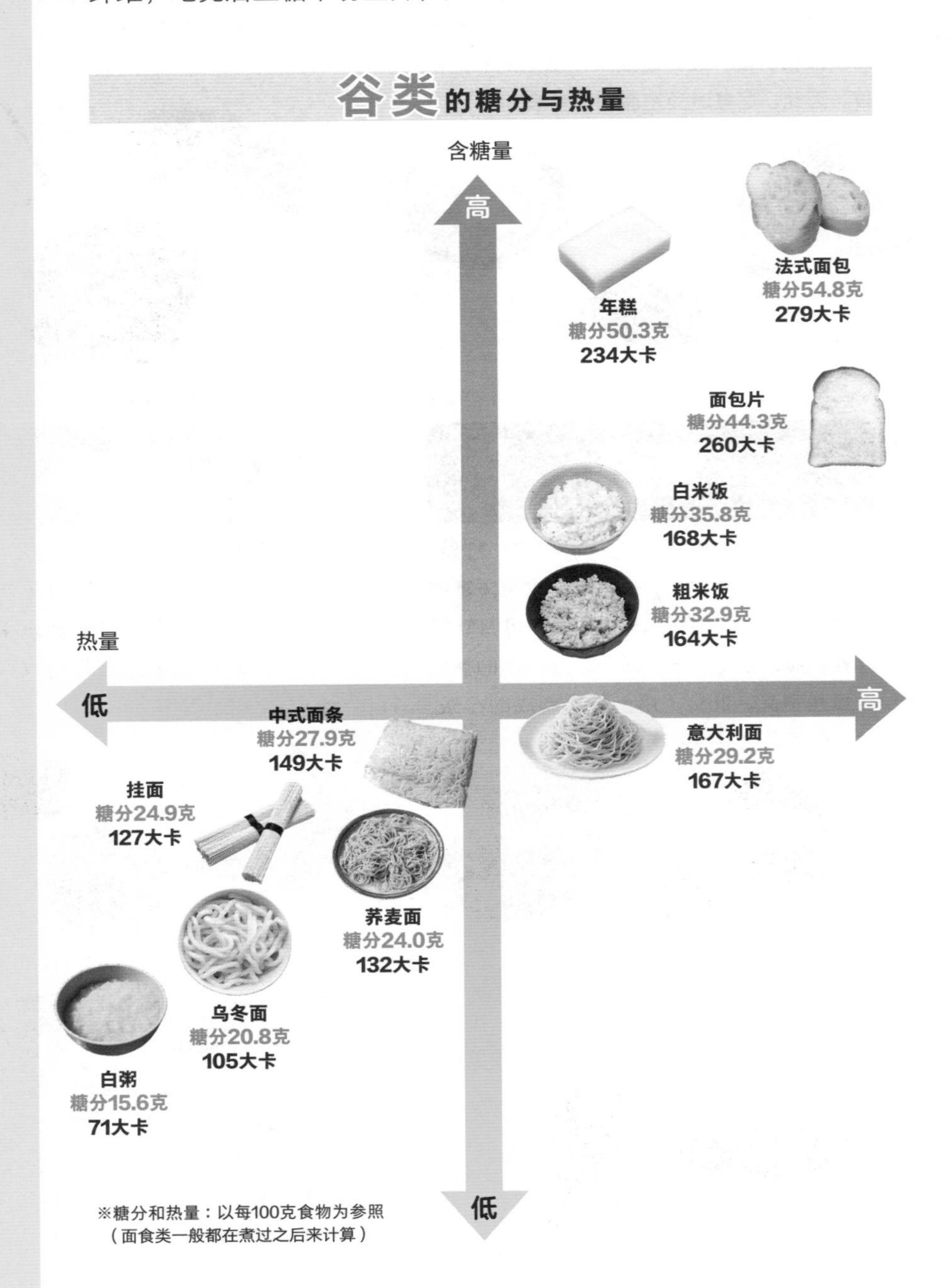

饭量减少，糖分减少

米饭含水量较大，因此，比面包的GI值更低，加之吃完后扛饿，适量吃米饭不会有问题。如果一天三顿吃米饭，每顿适量减少，一天的糖分摄取量就会逐渐减下来。比如，将1碗米饭（150克）减到只有原来的$\frac{1}{3}$（50克），糖分就能减少35.8克。

米饭的含糖量

1碗（150克） 半碗（75克） 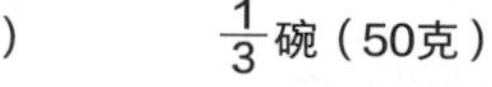 $\frac{1}{3}$碗（50克）

糖分53.7克 糖分26.8克 糖分17.9克

充分利用市场上的减糖商品

糖分3.0克

把圆白菜做成像米饭一样可以吃的食物——圆白菜米饭

可以在便利店买到的人气商品“低糖面包”

糖分2.2克

糖分0克

“0糖分面食系列”既有细面也有宽面，种类任选

切细的圆白菜芯、冷冻菜花、魔芋、低糖面包、减糖面等食品，对于减糖都有很好的效果。直接吃也可以，也可以和米饭、面食搭配在一起吃，这样既可以增加营养，还能轻松减糖。

※商品信息截至2020年2月末。

面食的配料种类很多，这些配料可以减缓血糖上升

用面粉做成的面食，其GI值比较高。像荞面条、清汤面、意大利面这些纯面食，很容易引发血糖升高，导致营养不良。为了避免这些问题，可以在面食中加入可以获取蛋白质的肉类、鱼类和食物纤维丰富的菌菇、海藻、野菜等。

\ 多放配菜 /

✓

可以获取蛋白质

煮好的海鲜意大利面250克
糖分81.3克

\ 只是碳水化合物 /

✕

吃完血糖容易升高

煮好的胡椒意大利面250克
糖分76.3克

注意日常调料中的糖分摄取

少量使用又甜又腻的调料

除了蔗糖外，调料中也有很多我们看不到的糖分。对于辣酱油、番茄酱等甜味调料，也要控制使用。

蛋黄酱的脂肪和热量都很高，所以一般人会敬而远之，但实际上它属于低糖调料。此外研究显示，醋的含糖量很少，可以减少内脏脂肪含量，喝一点不会引起血糖升高，而且还有利于减盐。不过，寿司醋中加入了糖类，使用时要多加注意。

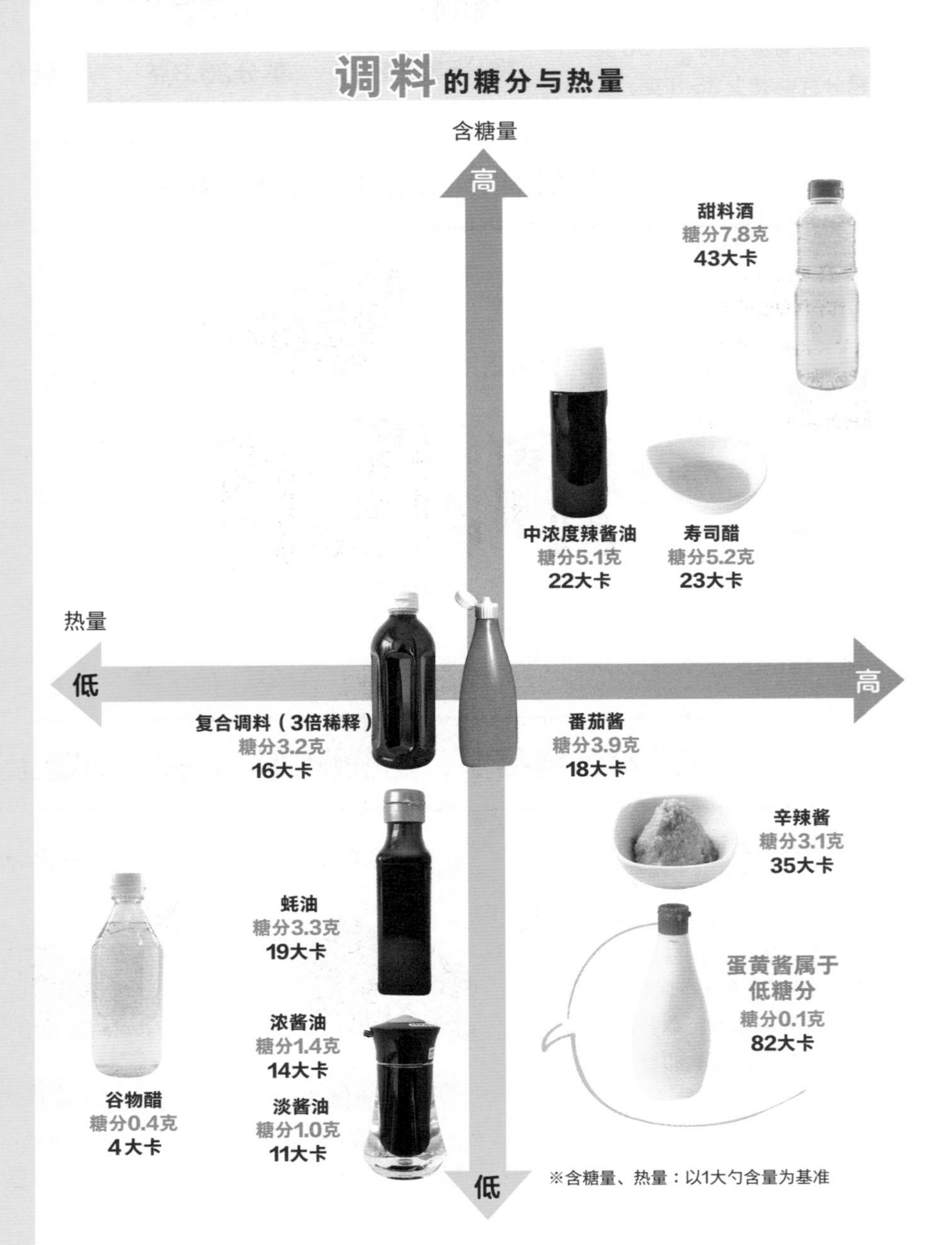

少盐少胡椒，味道简单比较好

无论是大人还是小孩，都喜欢吃调料重的烤鸡肉串、照烧鸡肉、甜汤等比较甜或辛辣的食物。甜食自不必说，就是促进食欲的浇汁、勾芡等调料，都含有蔗糖或甜料酒。对此，建议大家在做菜时少盐少胡椒，以淡味为主。

✓ 少盐少胡椒，味道简单

味道淡

煎鸡肉50克

调料糖分0克

✗ 又甜又油腻

放入了太多味噌汁

味噌烧鸡50克

调料糖分8.9克

注意黄油和辣酱油中的小麦粉

黄油咖喱20克

糖分7.7克

白色辣酱油100克

糖分8.8克

做咖喱、炖菜时需要用的黄油和罐装白色辣酱油等调料中，一般都含有小麦粉。这些东西，都可能增加糖分的摄取。所以，做咖喱的时候可以用咖喱粉取代黄油，做炖菜时可以配一些豆腐。

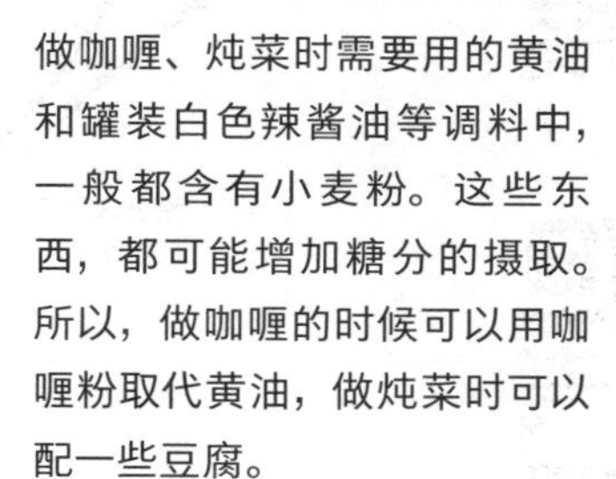

咖喱粉20克

糖分5.3克

应选择热量未减的普通型蛋黄酱

蛋黄酱可以用于炒菜，也可以增加食物的香醇味。在选择时，要注意那种热量减半的品牌。一般来说，这样的蛋黄酱虽然减了热量，但是往往会加入蔗糖或其他糖类，导致含糖量增加。因此购买时，还是选择热量未减的普通型较好。

15cc

普通蛋黄酱

糖分0.1克

82大卡

<

热量减半的蛋黄酱

糖分0.3克

34大卡

选材关键 3

蔬菜

建议多吃蔬菜，但『暖色系』不宜过多

蔬菜中的营养有助于减肥

蔬菜富含维生素、矿物质、食物纤维等营养成分，可以调理身体，促进代谢。特别是食物纤维，可以降低血糖的上升，抑制胆固醇升高，应该大量摄取。

以叶子菜为代表，绿色蔬菜大多含糖量很低，可以大量食用。但是，“暖色系”蔬菜，除了南瓜和胡萝卜外，西红柿、卷心菜等含糖量也相对比较高。

蔬菜的糖分与热量

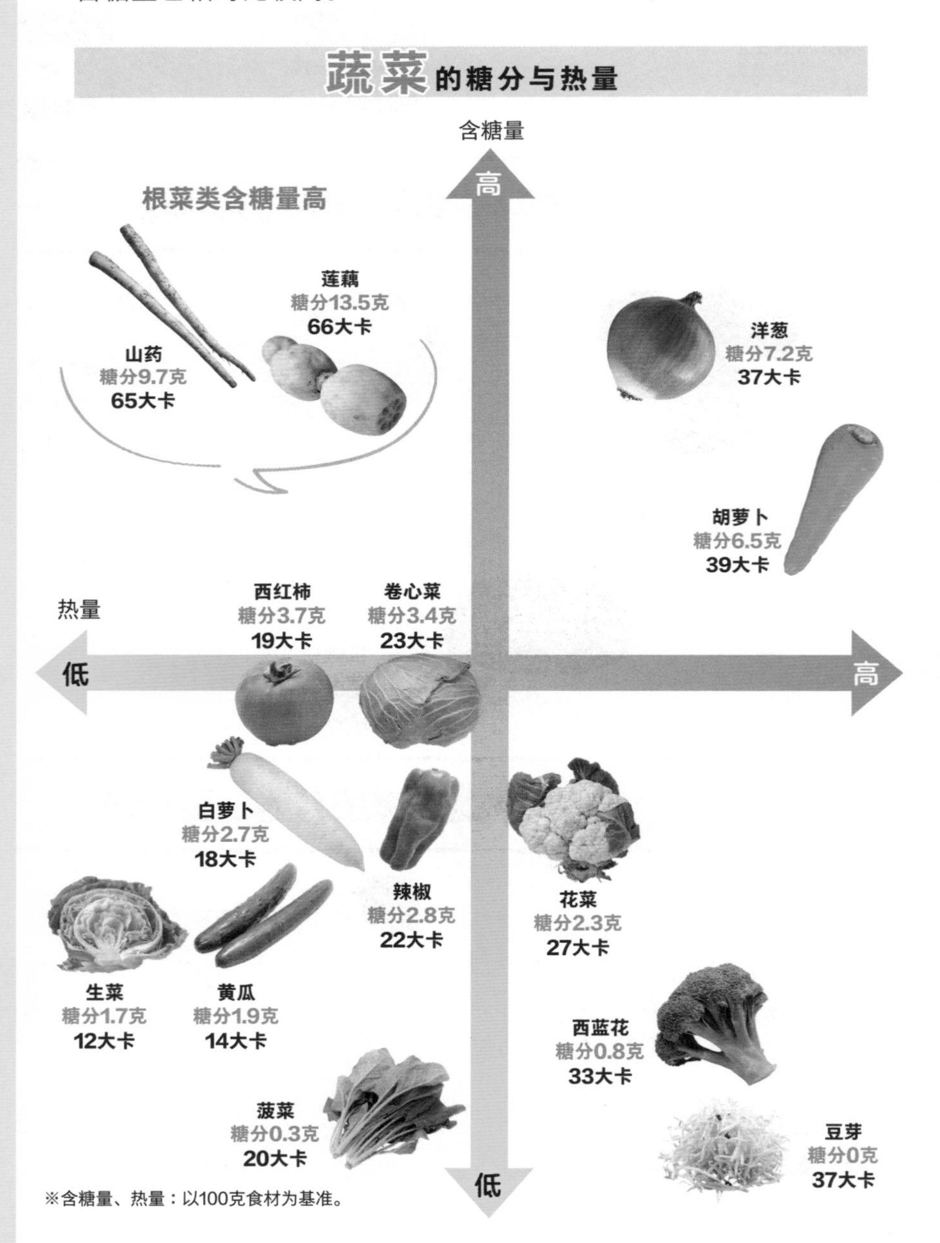

※含糖量、热量：以100克食材为基准。

薯类、南瓜、玉米属于高糖类

暖色系、味道甜的食材一般含糖量较高，需要注意。相比于蔬菜，一般来说这些食材的碳水化合物含量较多。此外，经常和其他食材搭配的南瓜、玉米等，含糖量也比较高，注意不要多吃。

红薯
糖分30.3克

土豆
糖分6.1克

芋头
糖分10.8克

南瓜
糖分17.1克

玉米
糖分13.8克

※含糖量、热量：以100克食材为基准

汤汁配蔬菜，可以多吃点

蔬菜味噌
（萝卜20克）
糖分4.2克

西式冷汤
（西红柿50克）
糖分8.0克

温熟沙拉
（芜菁45克）
糖分3.5克

蔬菜拼盘
（白菜80克，猪里脊肉60克）
糖分12.6克

有些生蔬菜不能多吃，但是加热之后热量会降低，可以多吃一些。这些蔬菜，可以做成菜汤、味噌、冷汤、温熟沙拉等。此外，那些不加热就没法吃的根菜，一般食物纤维比较多，可以有效抑制血糖上升。

吃点菌菇、海藻，减肥有特效

菌菇、海藻的食物纤维含量丰富，而且热量低，GI 值也低。如果和其他蔬菜搭配起来食用，食物纤维会摄取更多，进而促进小肠和大肠的“GLP–1”（胰高糖素样肽 –1）分泌。因为菌菇、海藻可以有效抑制血糖，控制食欲，它们也被称为“瘦身激素”。这些，可以多吃一些，增加减肥效果。

富含食物纤维的食品

海藻类

菌菇类

↓

分泌GLP–1

- 刺激饱腹中枢，让人吃少一点也不会感到饿
- 降低血糖

水果需注意量和食用时间

果糖有碍减肥，需要引起注意

水果富含维生素、钾、食物纤维，如果不减肥的话，吃一些倒没什么关系。但是，水果中的果糖属于单糖，很容易被身体吸收，引起血糖上升，如果吃得太多，就很容易增加中性脂肪。不仅如此，还可能引起动脉硬化和糖尿病。

比如，香蕉、葡萄等水果的含糖量很高，因此，一定要注意摄取量和摄取频率。

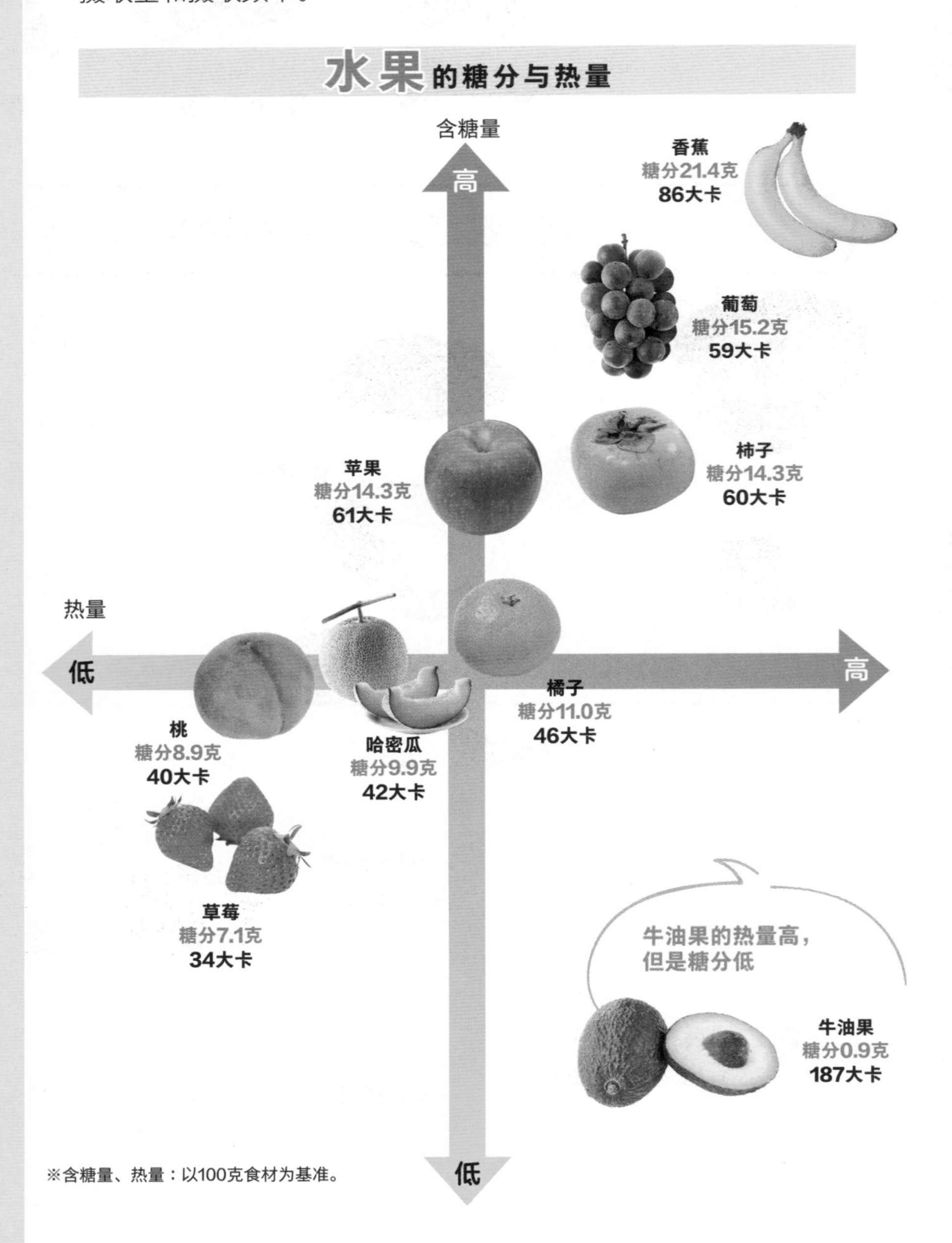

※含糖量、热量：以100克食材为基准。

水果最好放在中午吃

单糖类的水果果糖很容易被吸收，成为身体的能量源。但是与此同时，消耗不了的部分，就会导致肥胖。因此，我们要注意吃水果的时间。如果是晚饭或夜宵期间吃水果，血糖升高后直接睡觉，很容易导致肥胖。如果是中午吃，就能避开这一问题。

严禁多吃水果干或水果罐头

一般认为吃水果有益于美容或健康，但是经过干燥处理的水果干，其含糖量会骤增。因为吃起来很方便，因此，很容易吃过量，对此需要特别注意。当然，水果罐头也很容易导致糖分摄取过量而引发肥胖问题。

蔗糖量高

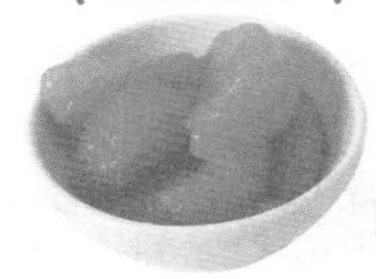

橘子罐头
（5瓣64克）
糖分9.5克

菠萝罐头（1个40克）
糖分7.9克

水果干

柿饼
（1个35克）
糖分20.0克

香蕉干（15克）
糖分10.7克

葡萄干（12克）
糖分9.1克

即使是纯果汁，也要有所控制

市场上卖的果汁，通常都标注“100% 纯果汁”。但是，考虑到糖分问题，100% 的纯果汁自然成为果糖过多的证据。印象中有益于健康的水果冰沙虽然也能为人体提供食物纤维和维生素，但是不要忘记它们的果糖含量也很高。

橙汁（200毫升）
糖分21.2克

糖分过多

水果冰沙
（香蕉70克，草莓50克）
糖分33.0克

选材关键 5

肉类

肉类含糖量低，还能提供优质蛋白质

可以吃牛、猪、鸡肉等肉类

有的人觉得减肥就得减热量，因此，对肉类敬而远之，然而从减糖方面考虑，就应该适量多吃肉类。特别是牛肉、猪肉、羊肉等红肉，不但含糖量低而且富含蛋白质。此外，羊肉中的“L-肉碱”有助于燃脂，也推荐食用。只不过，肉类脂肪中的饱和脂肪酸会引起血液黏稠，要加以注意。牛、猪等动物肝脏和肉肠的糖分也比较多，不能多吃。

肉类的糖分与热量

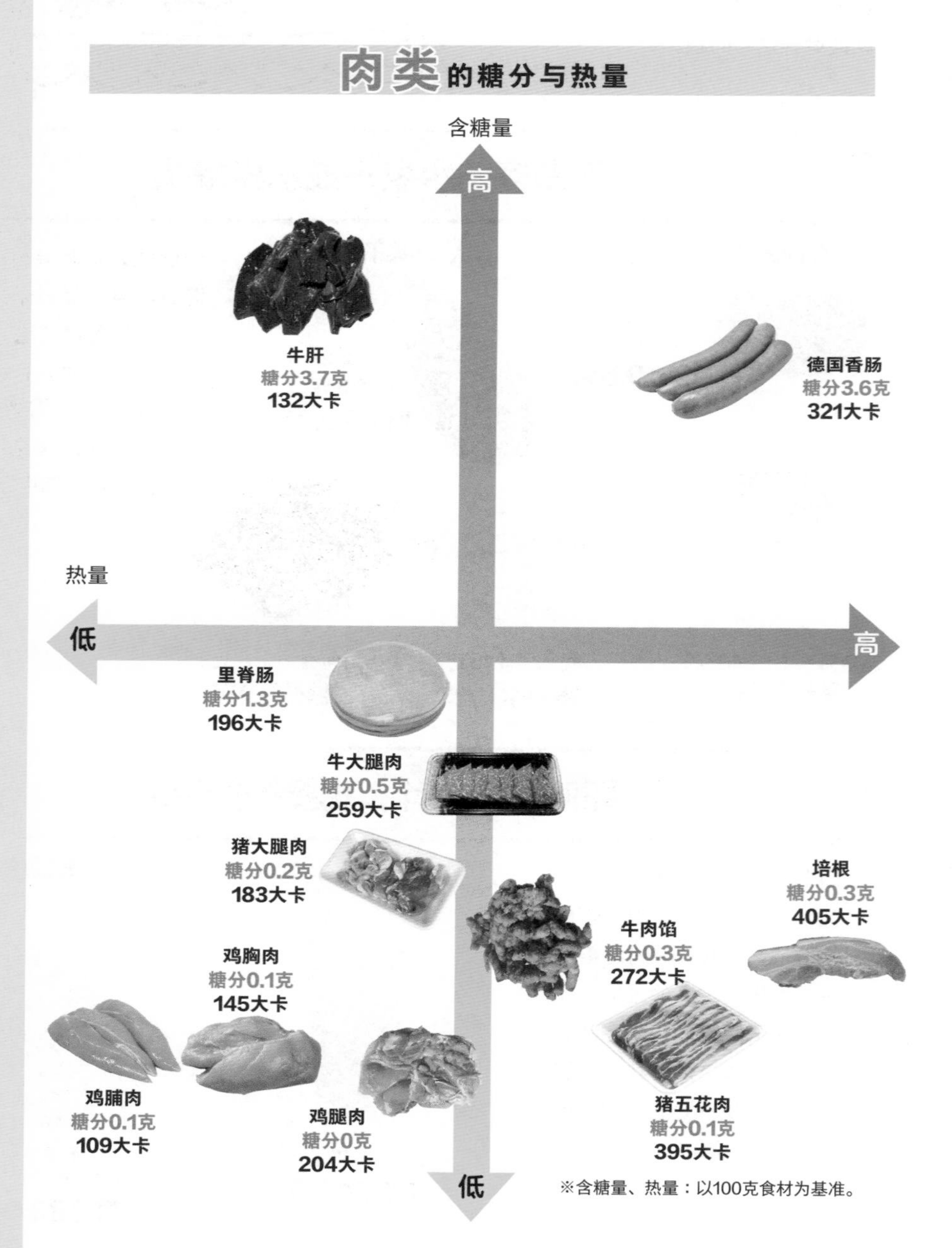

※含糖量、热量：以100克食材为基准。

烹饪味淡最好

做饭时用蔗糖、甜料酒、番茄酱、浓辣酱等高糖分的调料，会进一步增加饭食的含糖量。因此，应尽量不要吃辛辣食物或照烧，以淡味最好。油炸食品还可以，但是炸猪排等油炸食品，通常都会加一层敷粉，而粉中含糖量较高，应该注意。

\ 烫煮即食的菜 /

✓

放点橙醋就可以

涮猪肉
（猪五花肉100克，生菜30克）
糖分2.2克

\ 面包粉和小麦粉做的高糖分食品 /

✕

敷粉后糖分更高

炸猪排
（猪里脊肉100克）
糖分11.3克

脂肪不能摄取过多

肉类脂肪中有增加中性脂肪和胆固醇的饱和脂肪酸。因此，在吃肉的时候，可以去除明显的脂肪部分，或者用汤煮的方式来减少脂肪。此外，可以在烧烤、炒制之后，使用厨房用纸擦去多余油脂。

建议一天一个鸡蛋，不要吃多

鸡蛋不仅糖分低，而且蛋白质含量高，是减糖的必备食物。有的人认为一天吃几个也没关系，但是鸡蛋吃太多的话，胆固醇含量容易升高。因此，最好每天吃一个即可。煮蛋、煎蛋都可以，但是最好不要在煎蛋上面加甜酱之类的东西。

鱼类和贝类

每天吃点鱼类和贝类，既减肥又健康

多吃青背鱼，降低中性脂肪

鱼类和贝类属于低糖分的蛋白质源。按时令食用，营养丰富。特别是青花鱼、竹荚鱼、秋刀鱼等青背鱼，富含人体需要的 EPA 和 DHA 等油类，可以预防动脉硬化，有益于身体健康。三文鱼含有虾青素等抗氧化成分，也可以多吃一些。此外，章鱼、乌贼等含有牛磺酸这种氨基酸，有助于抑制血糖上升。

鱼类和贝类的糖分与热量

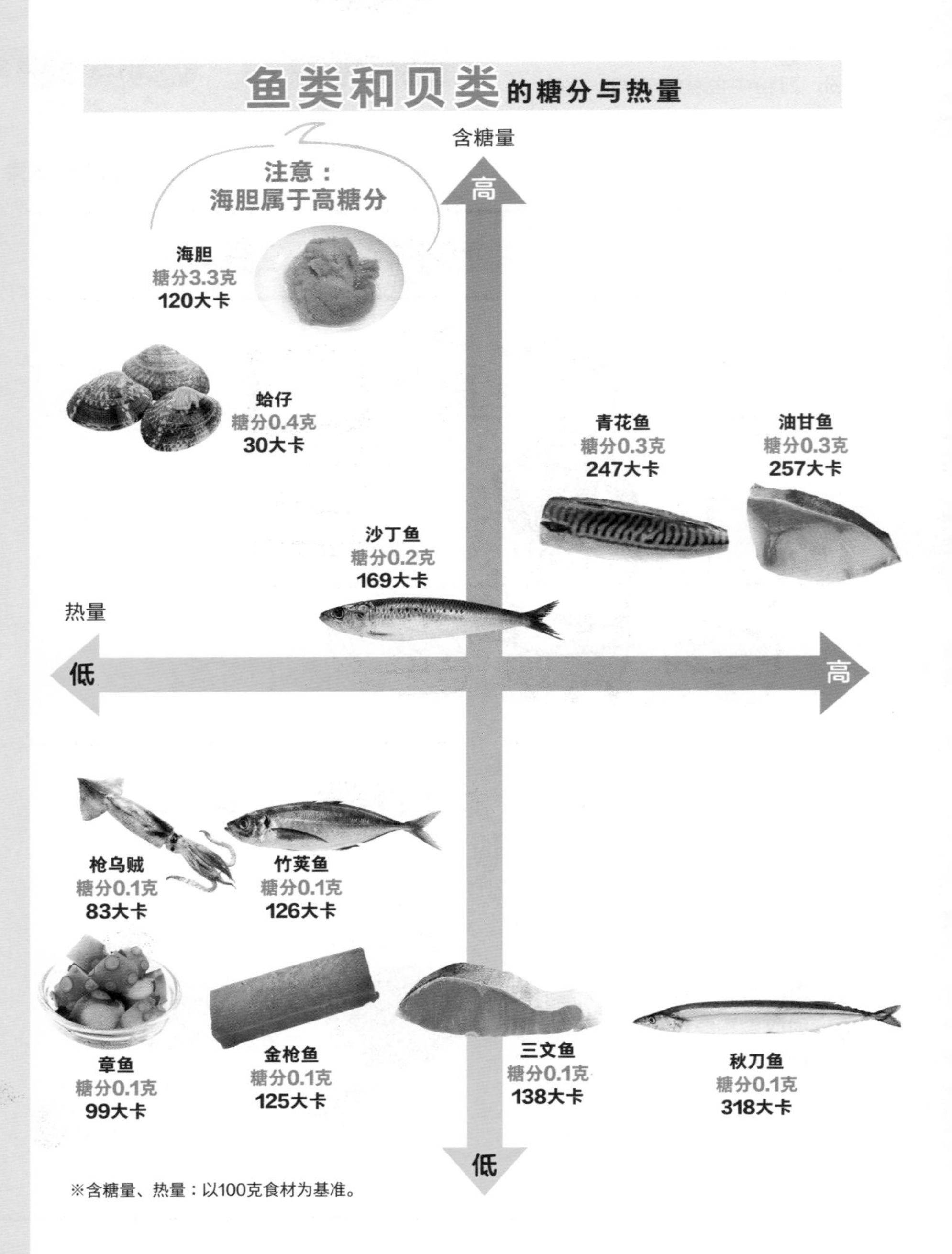

※含糖量、热量：以100克食材为基准。

刺身和盐烤食物要以清淡为主

和肉类一样，鱼类和贝类在制作时也应控制辛辣和照烧做法，以此来减少调料中的含糖量。不仅如此，在用黄油或煎炸处理时也要注意，因为其中的小麦粉和面包粉的含糖量较高。总体来说，蒸煮或做火锅时少盐少糖比较好。特别是青背鱼刺身，富含有益于人体健康且易吸收的油类，推荐多吃。

\ EPA、DHA含量丰富 /

可以生吃

竹荚鱼拍松（竹荚鱼70克）

糖分0.1克

\ 竹荚鱼本身糖分就很低 /

最好不要敷粉煎炸

煎炸竹荚鱼（竹荚鱼70克）

糖分5.2克

膏状点心属于高糖食品，甜味来源是蔗糖

烤竹轮（1根70克）

糖分9.5克

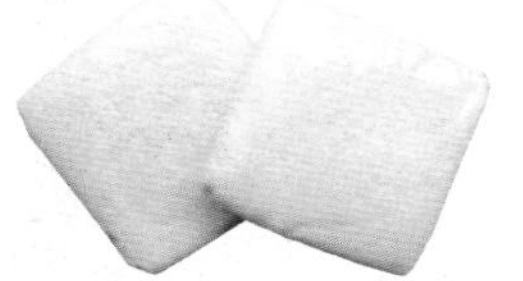

鱼肉山芋饼（每个125克）

糖分14.3克

鱼肉肠（1根75克）

糖分9.5克

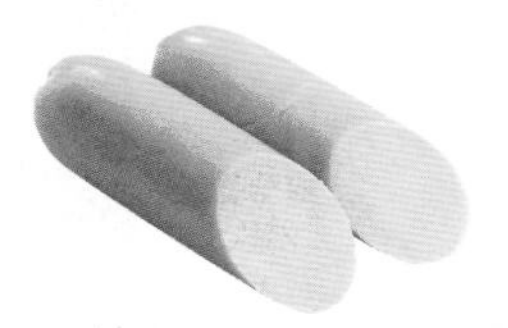

用白色鱼肉等原料做成的膏状点心属于高蛋白、低热量食物，但是在加工过程中通常会使用蔗糖，因此，需要引起注意。比如，鱼糕、鱼肉山芋饼、鱼肉肠、炸甘薯条等，都属于高糖分和高盐分食物，尽量减少食用。

适当食用罐装鱼

在减糖时想吃很多鱼，但是鲜鱼价格比较贵，恐难支付。对此，可以选用鱼罐头来代替。在助力健康方面以青花鱼罐头为代表，三文鱼罐头、油渍沙丁鱼罐头等，一般都选用富含营养的水煮鱼，可以在吃饭时一起食用。

水煮青花鱼罐头（180克）

糖分0.4克

酱汁青花鱼罐头（180克）

糖分11.9克

油渍沙丁鱼罐头（100克）

糖分0.3克

味重的罐头也会让糖分骤升

豆类食品含糖量低且富含蛋白质

豆类蛋白质高，也可当主食吃

众所周知，大豆制品不仅热量低，而且蛋白质含量高。比如，普通豆腐、水煮豆腐、豆乳和高野豆腐等，都属于低糖食物。无论是油炸还是油豆腐块，在制作过程中都不加糖，因此含糖量几乎为零。此外，豆腐和豆腐渣还可以作为主食，无论是拌饭还是炒，都是不错的选择。这样，不仅看起来分量充足，食欲满满，而且有助于营养均衡。

大豆制品的糖分与热量

※含糖量、热量：以100克食材为基准。

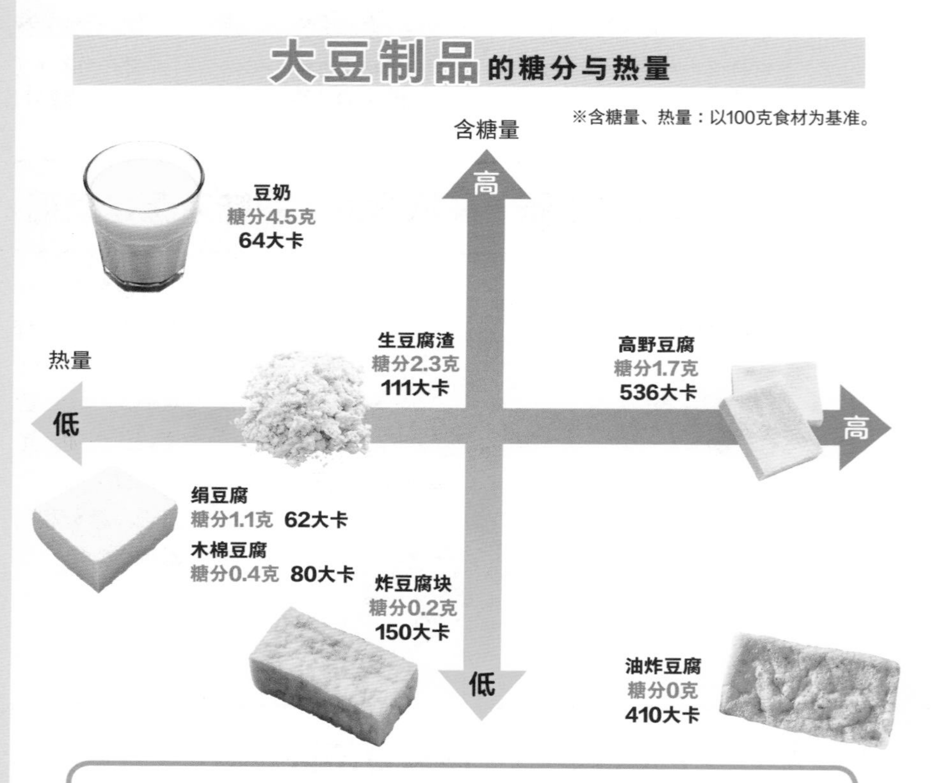

纳豆有助于肠内环境

大豆富含食物纤维，对改善便秘大有裨益。由大豆发酵而制成的纳豆，不仅食物纤维丰富，而且容易消化吸收。肠道吸收了食物纤维之后，可以分泌出 GLP-1 激素，促进血糖下降。因此，建议大家多吃纳豆，补充食物纤维。

鲜奶油和干酪含糖量低，但牛奶含糖量高

从量上来看，乳制品是减糖好配方

乳制品是很容易获取的蛋白源，很多人都想多吃，但是牛奶中含有乳糖，摄取时需要注意。此外，相较于牛奶，一般低脂肪奶的含糖量更高，稍不注意就容易食用过量。然而话说回来，鲜奶油虽然热量高，但是含糖量很低，在做饭时完全可以适量加入一些。如果酸奶中不含糖或含糖量低，也推荐食用。

乳制品的糖分与热量

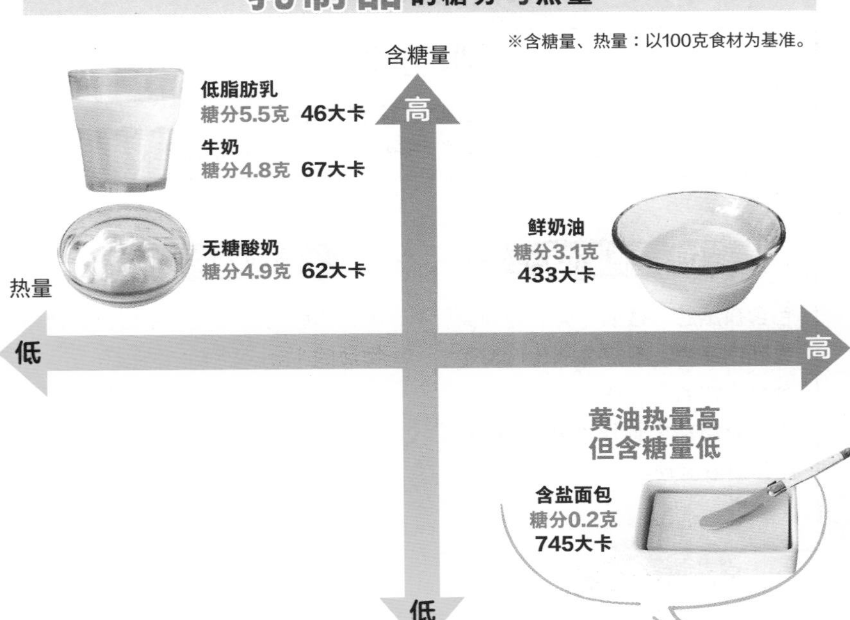

干酪糖分低，选择时注意盐分就好

干酪富含优质蛋白质和热量，大多属于低糖类，可以在早上吃或者当零食吃。因为热量比较高，所以不要吃多。此外，也要注意盐分摄取。比如，精制干酪、帕尔马干酪和蓝乳酪的含盐量较高，需要注意。

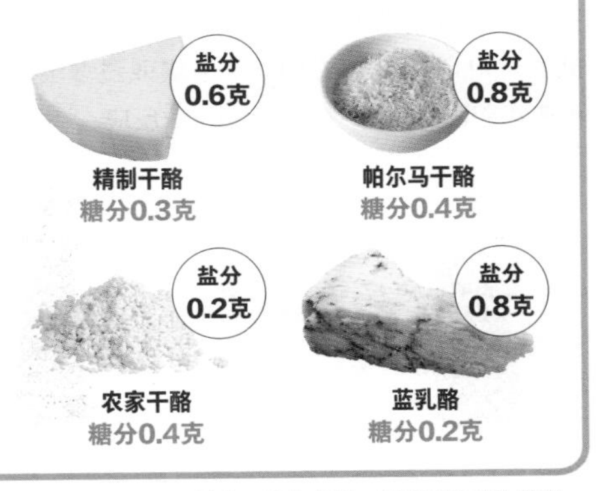

※糖分、盐分含量：以20克食材为基准。

适量的油脂有益于身体，也有助于减糖

摄取优质油脂，身体脂肪不易堆积

油脂类食物中的含糖量几乎为零。脂肪可以取代糖类，是人体重要的能量源之一。适当的油脂摄取，可以借助不饱和脂肪酸来减少血液中的中性脂肪和胆固醇。特别是其中的Ω-3类油，具有预防动脉硬化和抗氧化的功效。需要说明的是，饱和脂肪酸和不饱和脂肪酸相反，是肉类中包含的动物性脂肪，容易引起动脉硬化和肥胖。

油脂的种类

脂肪酸

脂肪酸是脂肪的构成成分。

除了油脂之外，肉类、鱼类、谷物和豆类中都含有脂肪酸。

饱和脂肪酸

包含在脂肪、猪油、黄油等肉类或乳制品中，不容易氧化，也不容易在常温下溶解。如果摄取过多，会增加中性脂肪和胆固醇，阻碍血液流动。

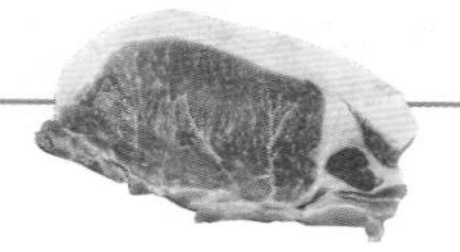

不饱和脂肪酸

不饱和脂肪酸是超市中出售的植物油的主要成分。除此之外，鱼肉中含量也比较丰富。不耐高温，容易氧化，常态下呈液体状，分为以下三大类。

Ω-9 脂肪酸

橄榄油中的油酸、夏威夷果中的棕榈酸都属于此类。可以减少血液中的有害胆固醇。

Ω-6 脂肪酸

以芝麻油中的亚油酸为代表。可以减少胆固醇，但摄取过多会引起恶性过敏反应。

Ω-3 脂肪酸

和Ω-6脂肪酸一样，是身体必需的脂肪酸。亚麻籽油、白苏油中的α-甘油三亚油酯、青背鱼的EPA、DHA均属此类。

加热、生吃都可以，可以多用橄榄油

橄榄油中的油酸，可以有效减少血液中的胆固醇。在植物油中，橄榄油不易氧化，因此，既可以加热拌菜，也可以用于炒菜或煎炸。优质橄榄油还可以用作色拉调料，有助于肠道蠕动，缓解便秘。

橄榄油
糖分0克

可以在调菜、做色拉时使用

α-甘油三亚油酸酯有助于预防生活方式病

亚麻籽油
糖分0克

从亚麻种子中提取出来

白苏油
糖分0克

从白苏种子中提取

亚麻籽油、紫苏油、白苏油中的α-甘油三亚油酸酯，可以促进血液流通，进而预防生活方式病。此外，其对花粉等的过敏反应也有改善作用。因为耐热性差，所以建议烹饪完成时放一点。在保存时，放在暗处较好，并盖好瓶盖预防氧化。

减少反式脂肪酸和动物性脂肪的摄取

反式脂肪酸容易增加有害胆固醇，增加动脉硬化的风险。人造黄油、起酥油等市场上出售的食品中含有此类物质。此外，动物性脂肪如果摄取过多会导致肠道细菌增加，阻碍胰岛素的活动。

猪油和牛肉脂肪等动物性脂肪不宜吃得太多

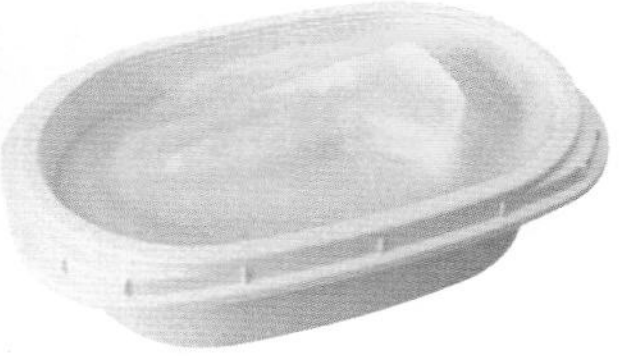

人造黄油等物质中含有反式脂肪酸，需要引起注意

要预防血糖上升 就要注意进食顺序

注意吃饭的顺序，可以预防血糖快速上升。

此举可以和其他减糖方式一起尝试。

顺序① 蔬菜等菜类

蔬菜、菌菇、海藻中的食物纤维丰富，可以减缓糖类吸收，进而抑制血糖的提升。早餐吃，效果最佳。

顺序③ 肉类、鱼等主菜

作为蛋白质源泉，肉类、鱼类、蛋类等主菜不易引起血糖上升，因此，最好在吃米饭之前吃。

顺序② 汤菜类

喝点汤汁可以补充身体水分，提升体感温度，促进食物消化和代谢。

顺序④ 米饭等主食

含糖量较高的米饭、面包和面类放在最后吃，也不要吃太多。

要想控制血糖，米饭最好最后吃

吃饭时，先吃富含食物纤维的菌类、海藻、蔬菜等，这样可以减缓糖类的吸收，抑制血糖飙升。此外，细嚼慢咽的过程中还可以刺激饱腹中枢，减少主食的摄取。接下来喝汤，然后再吃鱼类、肉类等主菜，最后再吃容易引起血糖上升的主食。至于薯类或者南瓜等糖分较高的食物，也应放在最后食用为好。

Part 3

学了就会做的减糖食谱

对于平时不做饭或者没时间做饭的人来说，

这些食谱简单易学，

值得珍藏。

制作减糖饭菜的关键

选择食材，调整烹饪方法

减肥菜单

P52~55

要点1

思考适合自己的菜单

有的人顿顿都是自己做饭，有的人通常晚饭在外面吃，有的人习惯晚上吃夜宵。诸如此类，每个人的饮食习惯都不尽相同。因此，我们要根据自己的生活节奏来思考自己一天的食材和食量，推行有效的减肥方式。

主菜

P46~57

要点2

通过主菜来减糖的烹饪法

虽说是减糖，但是不能强忍着不吃这不吃那。肉类、鱼类、蔬菜等都是减糖必备食品。只不过需要注意的是，在做菜时要注意调料和调味，或者不要在油炸食品上再加一层外皮。这些，都是我们减糖时需要注意的地方。

要点3

充分利用预先做好的食材

市场上的食物或者外卖食品大多含糖量较高，因此，一日三餐最好自己来做。但是，这只是一种理想，做起来当然很难。对此，我们可以在周末或者闲暇时间预先做好部分食材，在晚归疲劳的时候或者忙碌的早晨来食用。

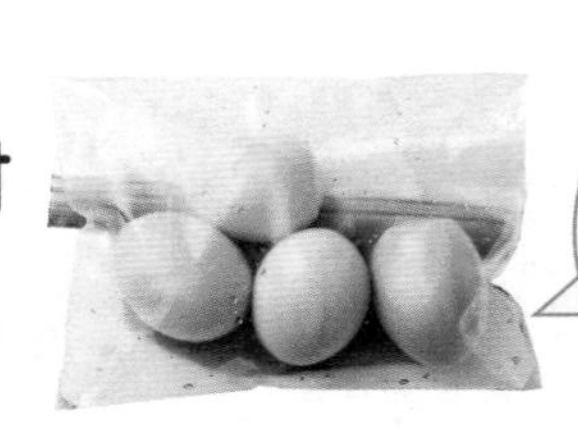

预制菜

P58~63

主食
P64~73

要点4

在主食中加点配菜，少吃也能饱

米饭、面条和面包的含糖量都很高，需要引起注意。对此，可以在主食中加入花椰菜、豆芽菜、毛豆、魔芋、豆腐渣等配材，即使吃得少也能获得饱腹感。

配菜
P74~85

汤菜
P86~89

要点5

配菜和汤菜可以保持营养均衡

在减肥期间减少的主食，可以通过增加丰富的沙拉、蔬菜汁等配菜来补充人体的营养，保证身体的营养均衡。

小吃与甜点
P90~96

要点6

甜点还是自己做的放心

市场上卖的甜点含糖量很高，是减肥的大忌。如果自己制作，就可以调整糖量，吃起来会放心许多。好不容易进行的减糖行动，不能被市场上卖的甜点所破坏。

食谱 1

贴近生活的饮食方式

自己做

就要有主食和配菜，保证营养均衡

如果一天三顿都是自己做，
就要有肉类、鱼类、蛋类，以此获取蛋白质；
要有蔬菜和菌菇类，以此获取维生素和食物纤维。
这样的话，才能保证一天的营养充足且均衡。

要点

早餐可以多吃点蛋类和乳酪，这样可以轻松摄取蛋白质。此外，搭配富含食物纤维的菌菇沙拉最好。

主食 法式乳酪面包 ▶ P73

配菜 培根菌菇沙拉 ▶ P76

热牛奶咖啡　糖分3.6克　热量34大卡

计 糖分 22.2克　热量454大卡

午餐

充分摄取蔬菜和鱼类、贝类

- 主食 蔬菜意大利面 ▶ P71
- 配菜 沙丁鱼拌洋葱 ▶ P84
- 汤汁 蛤仔汤 ▶ P87

计 糖分 **33.1**克 热量377大卡

要点

意式香辣面配上蔬菜，减少面条量。此外，配菜、汤菜也能有效减少糖分摄取。

晚餐

适量加肉，细嚼慢咽

- 主食 魔芋丝米饭 ▶ P67
- 主菜 炸猪排 ▶ P57
- 配菜 乳酪黄瓜 ▶ P85
- 汤汁 豆芽培根汤 ▶ P88

计 糖分 **31.1**克 热量755大卡

要点

充足的肉类有明显的减糖效果。加上其他配菜，吃完会更加满足。

还可以再吃点含糖量约20克的甜点。

三餐合计 糖分 **86.4**克 热量1586大卡

晚餐如果点外卖

中午可以做好盒饭，控制好糖分摄取量

贴近生活的饮食方式

晚餐如果点外卖，可以在中午的时候做好盒饭，以此来控制一天的糖分摄取量，维持营养平衡。

早餐

早餐用含糖量 1.0 克以下的鸡胸肉和牛油果制作

主食 黑麦面包三明治 ▶ P72

汤汁 鸡肉紫菜汤 ▶ P87

计 糖分 13.5克 热量299大卡

要点

把鸡胸肉煮好撕碎做成汤，繁忙的早上就能饱餐一顿。

午餐

大豆、豆腐渣等，都是组成午餐的关键

主食 毛豆米饭 ▶ P67

主菜 炸奶酪 ▶ P48

配菜 豆腐渣土豆沙拉 ▶ P80

配菜 凉拌豌豆 ▶ P81

计 糖分 34.0克 热量347大卡

要点

选好食材，用合适的烹饪方法，干炸食品和土豆沙拉搭配，做成人气套餐。

晚餐

可以给烤鱼加点豆腐等食材，这也是日本料理简单又营养的关键

外卖

威士忌苏打（350毫升）糖分0克 热量71大卡

鱼干 糖分1.4克 热量271大卡

油豆腐 糖分9.2克 热量168大卡

萝卜沙拉 糖分6.6克 热量44大卡

烧饭团 糖分37.9克 热量178大卡

计 糖分 55.1克 热量732大卡

要点

选择蒸馏酒，避开拉面和茶水泡饭的诱惑。鱼类、贝类和大豆做成的小菜，会让你感到满足。

三餐合计 糖分 102.6克 热量1378大卡

白天叫外卖，晚饭吃得晚

那么早上要吃好，晚上要简单吃

如果不吃早餐，这一顿和下一顿饭隔的时间太长，可能会在吃饭时吃太多，导致血糖快速上升，进而引发肥胖。为此，早餐应该好好吃，晚餐太晚的话可以少吃一点。

早餐

搭配鱼、肉类和大豆，摄取足够的蛋白质

- 主食 魔芋丝米饭 ▶ P67
- 主菜 减糖猪肉汤 ▶ P86
- 配菜 青花鱼芽菜沙拉 ▶ P85
- 配菜 西红柿拌纳豆 ▶ P78

计 糖分 37.7克 热量661大卡

要点

吃点青花鱼罐头、纳豆等，早上就能摄取充足蛋白质。此外，还可以喝点猪肉汤，暖暖身子。

午餐

推荐有鱼、煮蔬菜和汤菜的日式套餐

外卖

- 鲭鱼烧 糖分3.1克 热量132大卡
- 煮干萝卜 糖分4.8克 热量49大卡
- 豆腐味噌 糖分2.2克 热量35大卡
- 腌黄瓜 糖分0.3克 热量2大卡
- 半碗米饭 糖分26.8克 热量126大卡

计 糖分 37.2克 热量344大卡

要点

如果是在日料店，可以点刺身、盐烤食物等，以简单为主。米饭的话，可以少吃一点。

晚餐

蔬菜充足，炒面上的配料也很丰富

- 主食 蔬菜荞麦面 ▶ P71
- 汤汁 裙带菜鸡蛋汤 ▶ P89

计 糖分 31.3克 热量490大卡

要点

如果晚上吃得晚还吃得多，那么睡觉之前很难消化。对此，推荐简单吃点以蔬菜为主的荞麦面，再喝点汤。

三餐合计 糖分 106.2克 热量1495大卡

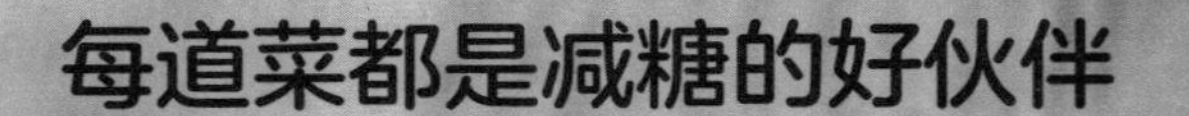

每道菜都是减糖的好伙伴

减糖主菜

种类丰富的菜谱，配上大家非常喜欢
吃的食物，就可以轻松减肥！

不用面包粉也能松软香嫩

汉堡肉饼

食材（2人份）

碎鲜肉：300克

A
- 盐：半小勺
- 黑胡椒：少许
- 洋葱（切碎）：$\frac{1}{4}$个（40克）

色拉油：半小勺

配菜

西葫芦、彩椒、荷兰芹各适量

制作方法

1 充分拌匀

把碎鲜肉从冰箱取出来后，马上放入大碗，放入A。用勺子将其拌匀，直至产生粘连感。

2 放入煎蛋器中

在煎蛋器中加入色拉油，把拌好的碎鲜肉放进去。用勺子弄成规整的形状，大小占托盘的一半左右。

3 烧制

打开火，用中火烧制1分钟，小火烧制5分钟。然后翻转过来再烧制3分钟，用筷子插进去，直到透明的肉汁流出为止。

不用面粉也可以

一般汉堡肉饼中含糖量高的面粉主要用来吸收脂肪，做好后看起来非常饱满。不过，即便无须加入面粉，从冰箱中取出来的肉经过勺子搅拌和手温传导，也能防止脂肪溶解。这样既可以保证味道鲜美，也不用担心糖分摄取过多。

每人糖分
摄取量 2.5克
热量354大卡
盐分1.7克

无须面粉，也能做出低糖的奶酪外皮

炸奶酪

制作时间 15 分钟

也可作为夜宵

食材（2 人份）

鸡胸肉：200 克

A［奶酪粉：3 大勺
　 盐、胡椒：各少许

橄榄油：1 大勺

配菜

生菜、圣女果各适量

1 调味

把鸡胸肉切成 1 厘米宽的棒状，然后加入 A 拌匀。

2 烧制

往煎锅中放入橄榄油加热，放入拌匀的肉棒，烧至上色。在锅里搅拌，保证通体熟透。最后放入盘子，搭上配菜。

奶酪粉做外皮，吃起来更酥脆

用奶酪粉代替小麦粉，这样不易摄取油脂，热量也相对低。即使冷却，也有外皮保护，因此，搭配盒饭也可以。

加入低糖的辣酱

鸡肉蛋黄酱沙拉

制作时间 15 分钟

也可作为夜宵

食材（2 人份）

鸡腿肉：200 克
盐：$\frac{1}{4}$ 小勺
胡椒：少许

调味酱

黄瓜：$\frac{1}{4}$ 根
煮好的鸡蛋：2 个
蛋黄酱：2 大勺
芥末：2 小勺
盐、胡椒：各少许

配菜

适量芽菜

制作方法

1. **调味**

将鸡肉切块，用盐和胡椒拌匀。

2. **烧制**

把平底锅加热，放入拌好的鸡肉，充分烧熟，然后放入盘子。

3. **制作调味酱**

将制作调味酱的食材混合调制，然后搭配蔬菜。

用好含糖量少的蛋黄酱

蛋黄酱的含糖量，一般是 1 大勺 0.1 克。即使不煎，做调味酱和配料时，也会让人产生饱腹感。

每人糖分摄取量 6.9克

热量 316 大卡

盐分 2.4 克

不用白糖也能做出酸甜味

醋熘肉丸

制作时间 20 分钟

食材（2 人份）

猪里脊肉切成薄片：180 克

A
- 盐：$\frac{1}{4}$ 小勺
- 胡椒：少许
- 芝麻油：1 小勺

洋葱：$\frac{1}{4}$ 个（50 克）

彩椒（红色）：$\frac{1}{3}$ 个（50 克）

青椒：1 个（40 克）

芝麻油：1 小勺

B
- 醋、酱油、番茄酱：各 1 大勺
- 水：2 大勺

制作方法

1 备料

给猪肉加上食材 A，然后做成 8 等份的肉丸。把洋葱切成条状，把彩椒和青椒切成块。

2 烧制

用平底锅热好芝麻油，把肉丸放进去烧制，直至着色均匀。然后把肉丸拨到旁边，炒一下洋葱、彩椒和青椒。

3 涂抹番茄酱

当肉丸和蔬菜都熟得差不多时，放入 B 后再煮至黏稠。

番茄酱炒一下，就会产生黏黏的甜味

所谓醋熘肉丸，就是制作时多放点甜醋，不用放糖。当然，如果用少量的番茄酱一起煮，还可以去除酸味，产生黏黏的甜味。

蔬菜和肉搭配充足

平底锅煎肉

制作时间 10 分钟

食材（2人份）

猪五花肉、牛五花肉：各 100 克
盐：$\frac{1}{4}$ 小勺
胡椒：少许
蔬菜
莴苣叶、紫苏叶各 6 片，苦椒酱 2 小勺

制作方法

1. 在猪肉、牛肉上面撒上盐和胡椒。清洗蔬菜，然后用篮子充分控干水分。
2. 加热平底锅，把肉放入直至上色，然后翻过来再煎。做好后，将其和蔬菜一起放在盘子里，配上苦椒酱。

每人糖分
摄取量 3.9 克
热量 452 大卡
盐分 1.3 克

去除糖分的诀窍

市场上卖的煎肉一般都加入了料酒和白糖，因此，含糖量比较高。我们在制作时只放入盐、胡椒和苦椒酱，简单更健康。

既有豆腐也有豆乳，可以让口感更润滑

豆乳焖菜

每人糖分
摄取量 8.8 克
热量 316 大卡
盐分 1.0 克

去除糖分的诀窍

用豆乳和绢豆腐代替面粉，既低糖，又富含蛋白质。

食材（2人份）

鸡腿肉：150 克
胡萝卜：2 厘米（20 克）
洋葱：$\frac{1}{4}$ 个（50 克）
花椰菜：50 克
A
- 豆乳：200 毫升
- 绢豆腐：200 克
- 味噌：2 小勺

色拉油：1 小勺
盐：适量
胡椒：少许
水：100 毫升

制作方法

1. 把鸡腿肉切成块，胡萝卜切成 5 毫米厚的半月形，洋葱切成长条。把花椰菜焯水。
2. 把 A 放入大盘子，把豆腐放入打蛋器充分搅拌直至润滑。
3. 在锅里热好油，烧好鸡腿肉，加入一点盐。然后放入洋葱和胡萝卜炒一炒，加水再炒，使其变软。加入②，用文火煮 4 ～ 5 分钟，放入盐、胡椒各少许，最后放入碗中，搭配苦椒酱。

有豆腐也有茄子，菜量十足

麻婆茄子豆腐

制作时间 15 分钟

食材（2 人份）

茄子：1 个
绢豆腐、肉末：各 100 克
A
- 小葱（切碎）：25 克
- 豆瓣酱：半小勺
- 生姜、芝麻油：各 1 小勺

盐：$\frac{1}{4}$ 勺
胡椒：少许
水：100 毫升
芝麻油：$\frac{1}{4}$ 小勺
青葱（切小块）：适量

制作方法

1 备料

把茄子切成 2 厘米，豆腐切成 3 厘米大小。

2 炒肉

把 A 放入平底锅，炒出香味。加入肉末，用大火烧制，然后放入盐和胡椒。

3 放入茄子再煮

加入茄子再炒，干了之后加水煮 3 分钟。再加豆腐，煮 2 ～ 3 分钟，点上芝麻油拌匀。最后，放入盘子，撒上小葱。

减少糖分较多的勾芡

因为是用少许水煮，所以不要放土豆粉等食材，这样汤汁难以保留。此外，可以放一些香味蔬菜，让菜香和肉香融为一体。

放入大蒜，有助于增加体力

韭菜炒猪肝

制作时间 15 分钟

食材（2人份）

猪肝：100克
芝麻油、大蒜（切碎）：各1小勺
红辣椒：半根
韭菜（切成5厘米）：$\frac{1}{3}$束（30克）
绿豆芽：半袋（100克）
盐、胡椒：各少许

制作方法

1. 用热水把猪肝煮5分钟，然后控出水分。
2. 在平底锅中倒入芝麻油，油热后放入大蒜和红辣椒炒，炒到可以闻到蒜香。将煮好的猪肝和韭菜、绿豆芽放进去再炒，最后用盐和胡椒上味。

每人糖分摄取量 2.7克
热量97大卡
盐分0.8克

去除糖分的诀窍

一般甜辣味的韭菜炒猪肝比较多，我们这种做法味道比较淡，同时还要注意少吃点主食。

因为我们没有使用市场上卖的春卷皮，因此，大可放心食用

油豆腐春卷

制作时间 15 分钟

也可作为夜宵

每人糖分摄取量 2.1克
热量250大卡
盐分0.5克

去除糖分的诀窍

用油豆腐皮代替春卷皮，这样可以大大减少糖分。

食材（2人份）

里脊肉、大豆芽（$\frac{1}{4}$袋）：各50克
韭菜（$\frac{1}{5}$袋）、胡萝卜（2厘米）：各20克
香菇：2个
油豆腐皮：2张
芝麻油：1小勺
A ┌ 盐、胡椒：少许
　 └ 蚝油：1小勺

配菜

适量香菜

制作方法

1. 把里脊肉切细，韭菜切成5厘米长，香菇切薄，胡萝卜切成条。把油豆腐的三边切成正方形。
2. 锅里煎好油，炒肉。肉变色之后，加入大豆芽等食材再炒，然后放调料A。
3. 在切好的油豆腐皮中加入炒好的肉和菜，卷起来。照此做两个。
4. 热锅后，放入包好的春卷，让其表面熟透。然后放在盘子里，放好配菜。

一只锅就能轻松搞定，无须清洗太多东西

酱煮青花鱼

每人糖分 摄取量 **4.8克**

热量 192 大卡
盐分 1.0 克

食材（2 人份）

青花鱼（切好）：150 克

A
- 酒、水：各两大勺
- 味噌、蛋黄酱：各 2 小勺
- 生姜：2 片

制作方法

1. 用热水将青花鱼煮 5 分钟，再用厨用纸巾擦干水。
2. 倒掉锅里的热汤，放入食材 A，待水再沸腾之后放入煮过的青花鱼，直到出现稠糊状。

在制作这道菜时只要给青花鱼加入少量作料即可。

虽然味道中有咸也有甜，但含糖量很低

照烧沙丁鱼

食材（2 人份）

沙丁鱼（切块）：200 克

色拉油：1 小勺

A
- 白芝麻：1 小勺
- 酱油、料酒、水：各 1 大勺

配菜

小绿辣椒

制作方法

1. 在沙丁鱼上放适量盐，放 5 分钟后擦干水。
2. 平底锅放油再加热，放入沙丁鱼，每面烧制 1 分半钟，烧熟后放在盘子里。
3. 用厨用纸巾擦干平底锅里的油渍，然后烧制一下配菜，放入做好的沙丁鱼，同时放入 A，用文火烧制即可。

汤汁煮得恰到好处才是减糖的关键

煮鲽鱼

制作时间 15 分钟

食材（2 人份）

鲽鱼（切块）：200 克

A
- 酒、水：各 2 大勺
- 料酒、酱油：各 1 大勺
- 醋：$\frac{1}{2}$ 大勺
- 生姜（切薄片）：4 片

制作方法

1. 用热水把鲽鱼煮 5 分钟，然后擦干水。
2. 把 A 放入平底锅，直到煮出黏稠状，然后再加入鲽鱼。

每人糖分
摄取量 4.7 克
热量 138 大卡
盐分 1.6 克

当把鲽鱼放入带有黏稠状汤汁的平底锅中，马上就能入味，不但少了调料，还可以有效减糖。

柚子能增加清香味

柚腌三文鱼

食材（2 人份）

三文鱼（切块）：200 克

A
- 酱油、料酒：各 2 小勺
- 柚子（切成半月形）：4 片

装饰配菜

适量小葱

制作方法

1. 在三文鱼上撒适量盐，5 分钟后擦干。
2. 给撒好盐的三文鱼调上 A 进行腌制，大约 30 分钟。
3. 在烤架上放上铝箔，然后放上腌好的三文鱼，烤大约 5 分钟，再放到盘子里，搭配柚子片和小葱。

每人糖分
摄取量 2.3 克
热量 152 大卡
盐分 1.1 克

刚开始放盐时，可以控出水分，还可以入味。此外，腌制调料稍微少点也没关系。

每人糖分
摄取量 0.3 克
热量 279 大卡
盐分 1.6 克

把握好时间，五成熟就好

牛排

除去肉冷却的时间

材料（1 人份）

牛排肉（1 厘米厚）：1 块（150 克）
盐：$\frac{1}{4}$ 小勺
胡椒：少许
色拉油：半小勺
配菜
适量水芹

用 1% 的盐调出 100% 的味

一般来说，只要记住牛排等肉类食物“用盐只占肉重的 1%”，即使不加其他调料也可以。

制作方法

1 备料

在做牛排前 30 分钟，先把牛肉从冰箱拿出来，放在常温环境下。烧制之前，撒上盐和胡椒。

2 烧制

把油倒入平底锅里加热，放入牛排，用大火煎 1 分钟，翻过来再煎 1 分钟。然后在锅里煎 2~3 分钟后切开，盛入盘子，放上配菜。

不同煎炸食品的调料汁

适合任何食材的日式配料 **照烧辣酱油**

每人糖分 摄取量 3.5 克
热量 25 大卡
盐分 1.3 克

食材 酱油、料酒、水：各 1 大勺
制作方法： 把所有食材放入小锅，用小火煮沸，持续 2 分钟。

大火炒制好的浓缩配料 **辣酱油拌菌菇**

每人糖分 摄取量 2.4 克
热量 19 大卡
盐分 1.2 克

食材 各类菌菇：100 克
酱油：2 大勺
制作方法： 加热平底锅，把撕好的菌菇放进锅里炒制，然后加入酱油。

虽然含黄油，但糖分很低 **奶油酱**

每人糖分 摄取量 1.8 克
热量 247 大卡
盐分 0.2 克

食材 生奶油：100 毫升
黄油：5 克
盐、胡椒：各少许
欧芹：适量
制作方法： 在平底锅中倒入生奶油用火煮，沸腾之后加入黄油，直至呈现黏稠状。然后加入盐和胡椒调味，最后放入切好的欧芹。

有一种清爽的香甜口感 **柠檬蜂蜜酱**

每人糖分 摄取量 4.4 克
热量 16 大卡
盐分 0 克

食材 柠檬（切片）：1 片
柠檬汁：2 大勺
蜂蜜：1 小勺
制作方法： 将柠檬、柠檬汁和蜂蜜混合起来拌匀。

充足的维生素 **西红柿酱**

每人糖分 摄取量 2.0 克
热量 48 大卡
盐分 0.2 克

食材 西红柿（切成 1 厘米见方）：半个
盐、胡椒：各少许
橄榄油：2 小勺
制作方法： 把所有食材拌在一起。

注：以上材料均为 2 人份。

不用油就能烧制

炸鸡排

制作时间 10 分钟

每人糖分 摄取量 0.2 克
热量 307 大卡
盐分 1.8 克

食材（1 人份）

鸡腿肉：1 块（150 克）
盐：$\frac{1}{4}$ 小勺
胡椒：少许
迷迭香：1 根

制作方法

1. 给鸡肉撒上盐和胡椒，然后加热平底锅，先煎带皮的一面。
2. 在鸡肉上放铝箔，再在上面放一只能装 1 升水的锅，烧制 3~4 分钟。
3. 取下锅和铝箔，在鸡肉上放迷迭香，再烧 2 分钟。
直到鸡肉肉皮酥脆，然后再翻过来烧 2 分钟，最后盛入盘子。

肉切得比较厚，嚼劲十足

炸猪排

制作时间 10 分钟

每人糖分 摄取量 0.5 克
热量 414 大卡
盐分 1.6 克

食材（1 人份）

猪里脊肉：1 块（150 克）
盐：$\frac{1}{4}$ 小勺
胡椒：少许
色拉油：半小勺

配菜

适量芦笋

制作方法

1. 提前 30 分钟从冰箱取出猪肉，放在常温下。烧制之前，撒上盐和胡椒。
2. 在平底锅中放油加热，把肉放进锅里煎 2 分钟，之后翻过来再煎 2 分钟（肉每厚 1 厘米，肉的每一面要多煎 2 分钟）。最后盛入盘子，加入配菜。

可以借助微波炉，非常方便

减糖预制菜

每天做这做那非常麻烦，因此，向大家推荐以下菜单。

每人糖分
摄取量 0.3克
热量 409 大卡
盐分 3.3 克

既可以切成片直接吃，也可以用微波炉热着吃，香味十足。

自己煮好的鸡肉，香味十足，也可以配沙拉

清炖鸡肉

保质期：4~5 天（冷藏）

制作时间 20 分钟

食材（适量）

鸡胸肉：1 块（300 克）
盐：半小勺
大葱（绿色部分）：1 根
水：适量（约 500 毫升）

稍微煮一煮就好

鸡胸肉用热水煮容易变硬，因此，要放入冷水加热直至沸腾。沸腾后，可以用小火保持余热慢慢炖一会儿。

制作方法

1 备料

给鸡肉放盐，腌制 2~3 分钟。

2 煮

在锅里放入腌好的鸡肉和大葱，加入水后用大火煮。待水沸腾，用小火煮 7~8 分钟。然后用勺子按压肉背，如果弹力充足，说明已经煮好。如果按压之后感觉有点松软，可以再加热 2 分钟，然后放着冷却。

3 放入储存容器

冷却好后，和汤汁一起放入储存容器。

煮鸡肉菜品 1：

用煮好的鸡汤做汤汁

鸡肉海藻汤

食材（2 人份）

清炖鸡肉（参照 P58）：100 克
炖汤：200 毫升
大葱（斜切成长条）：5 克
水：100 毫升
混合海藻：1 克
胡椒：少许

制作方法： 向锅里放入清炖鸡肉和炖汤、水、大葱、混合海藻，开火慢炖，最后放入胡椒调味。

要选择低糖海藻。将海藻放入锅中，可以轻易获取食物纤维。

煮鸡肉菜品 2：

用煮好的鸡肉和鸡蛋一起搭配，味道可口

鸡肉鸡蛋汤

每人糖分
摄取量 1.1 克
热量 175 大卡
盐分 1.2 克

食材（2 人份）

清炖鸡肉（参照 P58）：100 克
炖汤：150 毫升
鸡蛋：1 个
小葱（切碎）、胡椒：各少许

制作方法

1. 在小型平底锅中放入清炖鸡肉和炖汤，开火。沸腾之后，慢慢打入鸡蛋。鸡蛋煎熟之后关火。
2. 放入小葱和黑胡椒。

清炖鸡肉中含有盐分，就不再需要其他调料。水沸腾之后放入打碎的鸡蛋，汤汁就不会太浑浊。

用猪背部里脊肉做更好

清炖猪肉

保质期：4~5 天（冷藏）

制作时间 25 分钟

既可以切成片直接吃，也可以加入豆瓣酱和泡菜一起吃。

食材（适量）

猪背部里脊肉：300 克
盐：半小勺
生姜（切薄片）：2 片
水：适量

煮好后冷却，里脊肉自然会变得松软

和清炖鸡肉一样，清炖猪肉多炖点时间非常关键。这样，可以去掉多余脂肪，味道也会更加清香。保存时和汤汁放在一起，不要干放。

制作方法

1 备料

给猪肉涂抹盐，使之充分吸收 2~3 分钟。

2 煮

在锅中放入猪肉和生姜，加入水后用大火煮。沸腾之后，小火再煮 20 分钟左右。然后用勺子按压肉背，如果弹力充足，说明已经煮好。如果按压之后感觉有点松软，可以再加热 2 分钟，然后放置冷却。

3 放入储存容器

冷却好后，和汤汁一起放入储存容器。

煮猪肉菜品 1：

加入豆瓣酱，吃起来有中国风味

清炖猪肉拌豆芽

食材（2 人份）

清炖猪肉（参照 P60）：100 克

黄瓜：$\frac{1}{4}$ 根（35 克）

大豆芽：$\frac{1}{4}$ 袋（50 克）

A 豆瓣酱、酱油、芝麻油：各 1 小勺
盐：少许

制作方法

1. 先煮好豆芽。把 A 放入大盘搅拌。
2. 把清炖好的猪肉切片，然后和黄瓜、豆芽放在一起搅拌均匀。

加上豆芽和黄瓜，这盘菜不仅量大，而且糖分低，也能当作下酒菜。

煮猪肉菜品 2：

只要加入乳酪就好，做起来非常简单

清炖猪肉奶酪烧

每人糖分
摄取量 0.3 克
热量 183 大卡
盐分 1.5 克

食材

制作时间 5 分钟

清炖猪肉：100 克

做比萨用的乳酪：30 克

欧芹：1 克

制作方法

1. 把切薄的清炖猪肉散放在平底锅中，上面加上乳酪。
2. 乳酪熔化后，撒上欧芹。

不用其他调味，只要蒸去奶酪的轻油，就会留下更多清香，从而让你大饱口福。

3种风味的鸡蛋，只要简单腌制就可以

煮鸡蛋的做法

锅中加水煮沸，然后放入鸡蛋（约1分钟后，用筷子把鸡蛋翻一翻。如果要蛋黄呈半熟状态，一般需要6分钟，如果全熟需要7~8分钟）。然后取出鸡蛋，趁热剥皮。

不可或缺的必备风味

酱油鸡蛋

保质期3~4天（冷藏）

糖分含量0.5克
热量82大卡
盐分1.5克

食材（适量）

煮好的鸡蛋：4个
酱油：2大勺

制作方法

将煮好的鸡蛋和酱油放入保存袋中，腌制半天以上。

加入紫苏，风味独特

紫苏腌鸡蛋

保质期3~4天（冷藏）

食材（适量）

煮好的鸡蛋：4个
拌碎的紫苏：2小勺
醋和水：各2大勺
砂糖：1小勺

糖分含量1.7克
热量85大卡
盐分1.2克

制作方法

1. 在耐热容器中放入拌碎的紫苏、醋、砂糖，然后放在微波炉加热30秒。
2. 将煮好的鸡蛋和上述食材放入保存袋，腌制半天以上。

加入蜂蜜，香甜爽口

酱菜鸡蛋

保质期3~4天（冷藏）

食材（适量）

煮好的鸡蛋：4个
味噌：1大勺
蜂蜜：半大勺

糖分含量3.4克
热量97大卡
盐分0.6克

制作方法

在保存袋中放入味噌和蜂蜜，混合搅匀。然后加入煮好的鸡蛋，腌制半天以上。

不同风味的鸡蛋

不同味道的鸡蛋，
让我们大饱口福

酱油味

甜咸适中，风味独特

酱油肉蛋卷

每人糖分
摄取量 3.0 克
热量 161 大卡
盐分 1.6 克

因为用的是腌鸡蛋的酱油，所以料酒的使用量要控制到最低限度。

食材（2 人份）

酱油鸡蛋（参照 P62）：2 个
腌鸡蛋的酱油：2 小勺
切薄的猪肉：50 克
薄力粉：1 小勺
料酒：1 小勺
色拉油：1 小勺

制作方法

1. 给猪肉敷上低筋面粉，包上鸡蛋。
2. 在平底锅中倒油，用中火加热，放入包好的鸡蛋，烧到直至变色。
3. 加入酱油和料酒，使之充分入味。

味噌味

这种味道搭配米饭会更香

酱菜鸡蛋寿司卷

制作时间 10 分钟
也可作为夜宵

每人糖分
摄取量 21.8 克
热量 185 大卡
盐分 0.6 克

去除糖分的诀窍

使用海苔来包饭，这样放进的饭比较少，但同时可以放入鸡蛋，减糖更方便。

食材（2 人份）

酱菜鸡蛋（参照 P62）：2 个
烧海苔：1 片
米饭：100 克

制作方法

把海苔铺开，然后往里面敷一层米饭，再放鸡蛋，然后包好即可。

紫苏味

做成紫色沙拉，色香味俱全

卷心菜配鸡蛋沙拉

制作时间 10 分钟
也可作为夜宵

每人糖分
摄取量 2.7 克
热量 133 大卡
盐分 1.5 克

去除糖分的诀窍

红紫苏配上蛋黄酱，味道更香。卷心菜叶焯水煮后，减肥效果更好。

食材（2 人份）

红紫苏腌蛋（参照 P62）：1 个
卷心菜叶：1 片（50 克）
蛋黄酱：1 大勺
盐、胡椒：各少许

制作方法

1. 把卷心菜叶焯水煮，然后切成小片。
2. 把卤蛋放在盘子上切成小块，便于叉着吃，然后放入卷心菜叶与蛋黄酱拌一拌，最后加入盐和胡椒。

少吃米饭和面条也没关系

减糖主食

既美味，又减糖。

每人糖分
摄取量 6.6 克
热量 261 大卡
盐分 0.9 克
除了米饭

主食推荐

如果和 67 页介绍的几种减肥饭组合，减糖效果更好。

用好调味料，做出饭店的味道

鸡肉咖喱汤

食材（2 人份）

鸡腿肉（去皮、切块）：200 克
大蒜、生姜（切碎）：各 1 小勺
A ┌ 咖喱粉、彩椒粉：各 1 小勺
  └ 番茄酱：2 大勺
盐、胡椒：各少许
水：200 毫升
色拉油：1 小勺
酸奶：1 大勺
豆渣饭：80 克

制作方法

1 炒鸡肉

在锅里放入色拉油并加热，炒一下大蒜和生姜，炒出香味后放入鸡肉再炒。

2 加调味品

鸡肉表面炒出颜色后，放入 A，炒 1~2 分钟，然后放入盐、胡椒。

3 煮

加水煮 5~6 分钟，然后加入酸奶。最后倒入碗中，加入米饭。

不用勾芡也可以

这道菜不使用市场上卖的含有小麦粉的淀粉勾芡，可以有效减糖。咖喱粉和彩椒粉等配料，有很好的燃脂效果。

30天减糖打卡表

当前体重:　　　　30 天后体重:

（以下减糖项目做了画√，没做画 ×）

减糖项目	1	2	3	4	5	6	7	8	9	10	11	12	13	14	15	16	17	18	19	20	21	22	23	24	25	26	27	28	29	30
认真吃早餐																														
先吃蔬菜、汤菜，再吃肉、鱼类，最后吃主食																														
不吃市售的甜饮或甜点																														
不吃重盐或重油食物																														
少吃主食，多吃蔬菜																														
食物中有肉、鱼、豆类																														
吃饭时细嚼慢咽																														
晚餐不吃太饱（8 分饱即可）																														

中国正常人的标准体重

男性:（身高 -80 厘米）×70%

女性:（身高 -70 厘米）×60%

BMI（身体质量指数）= 自身体重（千克）÷ 身高（米）^{2}

中国正常人的 BMI 范围: 18.5 ～ 23.9

30 天减糖打卡表

当前体重：　　　　30 天后体重：

天数	1	2	3	4	5	6	7	8	9	10	11	12	13	14	15
今日糖分摄取量															
天数	16	17	18	19	20	21	22	23	24	25	26	27	28	29	30
今日糖分摄取量															

正常人一天必需的糖分摄取量（克）

（出自《正确减糖》第 7 页。食品糖分含量见《正确减糖》第 116~131 页）

身体活动量	18~29岁		30~49岁		50~69岁		70岁以上	
	女性	男性	女性	男性	女性	男性	女性	男性
低	165	230	175	230	165	210	150	185
中	195	265	200	265	190	245	175	220
高	220	305	230	305	220	280	200	250

身体活动量大小

低：办公室工作或一般事务性工作。

中：从事站立工作、做家务或进行简单运动等，身体总体上处于运动状态。

高：从事体力工作或者比较剧烈的体育运动。

颜色丰富，看起来都有食欲

墨西哥饭拌沙拉

食材（2 人份）

牛肉：100 克

A［辣椒粉、辣酱油：各 1 小勺
　盐、胡椒：各少许

生菜（切丝）：3 片（50 克）

西红柿（切成 1 厘米小块）：$\frac{1}{4}$ 个（50 克）

做比萨用的乳酪：20 克

豆子米饭：80 克

制作方法

1. 加热平底锅，炒牛肉，然后加入 A，再炒 2~3 分钟。
2. 把米饭放入盘子，加入生菜丝、西红柿块、炒好的牛肉以及乳酪。

蔬菜众多，吃完没有任何罪恶感！

这样搭配，肉香味十足，因此，有人担心会吃多。但这里面有充足的生菜、西红柿、毛豆等配菜，就算吃多也没关系。

米饭类

每人糖分
摄取量 6.3克
热量 343 大卡
盐分 1.4 克
除了米饭

去除糖分的诀窍

和之前介绍的照烧沙丁鱼一样，作料要在后面再放。

用黄油调出来的美味

猪肉卷心菜拌饭

制作时间 10 分钟
除去肉冷却的时间

食材（1 人份）

猪肉（炸猪排用）：1 片（100 克）
盐、胡椒：各少许
色拉油：1 小勺
A［酱油、料酒：各半大勺
　水：1 大勺
黄油：5 克
魔芋丝米饭：80 克
卷心菜（切碎）：1 片（50 克）
配菜
黄瓜：适量

制作方法

1. 提前 30 分钟把猪肉从冰箱取出，放在常温环境。烧制之前，撒上盐和胡椒。
2. 在平底锅中倒入色拉油并加热，用大火煎猪肉 2 分钟，然后翻过来再煎 2 分钟。熟了之后，切成适当大小。
3. 用厨房用纸擦去平底锅的油渍，放入 A 煮一煮，然后加入黄油。
4. 把米饭、卷心菜和煎好的猪排放入碗里，然后倒入热好的 A，最后加入配菜黄瓜。

既能吃到蔬菜，也能吃到蛋白质

豆腐茄子拌饭

食材（2 人份）

制作时间 10 分钟

油炸豆腐：100 克
茄子：$\frac{2}{3}$ 个（100 克）
芝麻油：1 小勺
盐、胡椒：各少许
菜花米饭：80 克
白芝麻：$\frac{1}{2}$ 小勺

制作方法

1. 把油炸豆腐切成适量大小，把茄子切成 5 毫米薄片。
2. 在平底锅中倒芝麻油，油热后放入油炸豆腐和茄子片，再加盐和胡椒调味。
3. 把米饭放入碗里，加入调制好的油炸豆腐和茄子片，并撒上白芝麻。

每人糖分
摄取量 1.7克
热量 110 大卡
盐分 0.3 克
除了米饭

去除糖分的诀窍

油炸豆腐受大众欢迎，和任何食材都容易搭配，而且在视觉上还能增加饭量。

米饭量大概是半碗，加上配菜就能做出新花样

也可以参照 64~66 页的菜单进行适当调整

饭菜鲜亮，食欲满满

魔芋丝米饭

材料（2 人份）

米：0.1 升

魔芋：150 克

每人糖分 摄取量 26.9 克
热量 131 大卡
盐分 0 克

制作方法

1. 把米泡水 30 分钟以上，淘干。
2. 把魔芋切成丝。
3. 把大米和魔芋丝混合，蒸熟。

豆腐渣和米饭搭配，味道正好

豆腐渣拌饭

材料（2 人份）

米：0.1 升

生豆腐渣：100 克

每人糖分 摄取量 28.1 克
热量 182 大卡
盐分 0 克

制作方法

1. 把米泡水 30 分钟以上，淘干。
2. 把大米和豆腐渣混合，蒸熟。

毛豆含糖量少，可以多放

毛豆米饭

材料（1 人份）

毛豆（冷冻）：50 克

米饭：70 克

每人糖分 摄取量 27.0 克
热量 185 大卡
盐分 0 克

制作方法

把毛豆解冻、剥皮，和米饭混合。

菜花拌饭，让人留恋

菜花米饭

材料（1 人份）

菜花：70 克

米饭：70 克

每人糖分 摄取量 26.7 克
热量 137 大卡
盐分 0 克

制作方法

把菜花煮熟，和米饭拌匀。

食材丰富的主食

每人糖分
摄取量 **30.0克**
热量 237 大卡
盐分 0.9 克

去除糖分的诀窍
把食材切大一点，吃起来很有感觉。此外，选择鸡腿肉时，要选不带皮的。

用来待客也合适

鸡肉海鲜米饭

食材（3~4 人份） 用直径20厘米大小的平底锅

鸡腿肉（无皮）：300 克

A
- 大蒜（切碎）、橄榄油：各 1 小勺
- 洋葱（切碎）：$\frac{1}{8}$ 个（25 克）

B
- 米：0.1 升
- 姜黄：1 小勺

C
- 盐：半小勺
- 水：300 毫升
- 彩椒（红、黄，切成 2 厘米）：各 20 克

欧芹、柠檬：各适量

制作方法

1. 把鸡腿肉切好。
2. 把 A 放入平底锅内炒一炒，等洋葱变软，大蒜出香味的时候，加入鸡腿肉再炒一炒。
3. 等鸡腿肉的颜色变化后，加入 B 炒一炒。等米熟透，再加 C。
4. 沸腾之后盖上盖子，烧制 20 分钟。然后撒上欧芹和柠檬。

营养丰富的西餐沙拉

沙拉寿司

制作时间 10 分钟

食材（1 人份）

鸡肉（煮好）：50 克
自己喜欢的蔬菜：合计 60 克
米饭：40 克

A
- 醋：2 小勺
- 盐、胡椒：各少许

B
- 小土豆（煮熟切块）：2 个
- 混合坚果（粗粒）：10 克
- 橄榄油：2 小勺

制作方法

1. 把煮好的鸡肉切成 2 厘米大小，把蔬菜切成碎片。
2. 把米饭和 A 放在盘子里搅拌，然后加入 B 和切好的鸡肉、蔬菜，再进一步搅拌。

每人糖分
摄取量 **32.5克**
热量 305 大卡
盐分 0.9 克

去除糖分的诀窍
鸡肉的蛋白质与蔬菜和坚果的维生素相结合，营养更加均衡。

每人糖分摄取量 29.3克

热量 225 大卡
盐分 1.2 克

让米饭中渗入青花鱼的香味

菌菇鱼肉拌饭

制作时间 20 分钟
除去浸泡米的时间

食材（3~4 人份）

青花鱼罐头（水煮）：1 罐（180 克）
灰树花菌：1 包（150 克）；米：0.1 升
生姜（切片）：4 片；盐：半小勺
小葱（切碎）：1 克

制作方法

1. 把灰树花菌清洗泡水 30 分钟以上，淘干净，撕开放在碗里。
2. 在锅里放入淘好的大米和青花鱼、生姜、盐，再加入水和鱼罐头汁（总计 200 毫升）。
3. 盖上锅盖，用大火煮，沸腾之后再用小火煮 10 分钟。
4. 盛到碗里，加入小葱。

这种做法，将青花鱼的香味和营养全部融入饭里，因此，不需要其他调料。用电饭煲做就可以。

和一般米饭比，这里一半以上是豆腐

豆腐炒饭

制作时间 10 分钟

食材（2 人份）

木棉豆腐：300 克
米饭：100 克
鸡蛋（拌好）：1 个
盐、胡椒：各少许
小葱（切碎）：10 克
酱油、芝麻油：各 1 小勺

制作方法

1. 在平底锅中热好芝麻油，放入豆腐，用木勺炒到豆腐水分消失为止。
2. 加入米饭和鸡蛋再炒，然后放入盐和胡椒，拌匀。
3. 放入小葱，然后浇上酱油，拌匀。

每人糖分摄取量 19.1克

热量 272 大卡
盐分 0.7 克

去除糖分的诀窍

把豆腐炒到没有水分，其口感和米饭相得益彰。

食材丰富的主食

每人糖分
摄取量 17.9克
热量 232 大卡
盐分 1.3 克

去除糖分的诀窍

加入魔芋丝后，原本半份的面条，就可以够两个人吃，减糖效果非常明显。

滑溜的感觉和拉面一样

魔芋丝拉面

制作时间 10 分钟

食材（2 人份）

魔芋丝：100 克
面条：半份
裙带菜：3 克
大葱（切碎）：5 克
煮好的鸡蛋：1 个

配料

水：600 毫升
鸡精：1 小勺
盐：$\frac{1}{4}$ 小勺

制作方法

1. 在锅里放入配料，开火烧制。
2. 用另一口锅加水煮沸，然后加入魔芋丝和面条，煮到自己喜欢吃的硬度为止。
3. 把“2”中的汤水倒入“1”中，然后再加入裙带菜煮一会儿，煮好后盛入碗里。最后加入大葱和鸡蛋。

含糖量为零的大豆很是充足

豆芽乌冬面

制作时间 15 分钟

食材（2 人份）

大豆芽：半袋（100 克）
冷冻乌冬面：1 份
青菜：1 片（20 克）

A
- 大葱（切碎）：$\frac{1}{3}$ 根（30 克）
- 大蒜、生姜：各 2 小勺

B
- 猪肉馅：100 克
- 豆瓣酱、苦椒酱：各 1 小勺

C
- 豆乳：400 毫升
- 水：200 毫升

味噌：2 小勺；芝麻油：1 小勺；辣油：适量

制作方法

1. 煮好青菜。在平底锅中倒油加热，放入 A 炒一炒，炒出香味后加入 B 再炒。当肉上色到位后即可。
2. 在上述锅里加入 C 和大豆芽、乌冬面继续炒，待乌冬面化开后再加入味噌。
3. 盛入盘子，加上适量辣油。

每人糖分
摄取量 28.0克
热量 370 大卡
盐分 1.7 克

去除糖分的诀窍

加入低糖的大豆芽，吃的时候可以少吃许多乌冬面。辣味的话，根据自己的口味调整。

蔬菜多，因此，含糖量很低

蔬菜荞麦面

食材（2 人份）

切成薄片的猪肉：100 克
卷心菜（2 片）、豆芽（半袋）：各 100 克
胡萝卜：1 厘米（10 克）
面条：1 份；面条配料：1 份
色拉油：半小勺；盐、胡椒：各少许
配菜：适量海苔

制作方法

1. 把猪肉切成 3 厘米长的薄片，胡萝卜切成条，卷心菜切碎。
2. 在平底锅中倒入色拉油并加热，然后把猪肉放进去炒。
3. 猪肉变色后，放入上述切好的蔬菜，然后再加入豆芽一起炒，炒软之后放入盐和胡椒。
4. 加面条再加入 1 大勺水，然后加入面条配料，使其入味。

每人糖分
摄取量 30.4 克
热量 320 大卡
盐分 1.0 克

去除糖分的诀窍

和普通面条相比，加入了大量的蔬菜，以前 1 个人吃的面条，现在够 2 个人吃。

蔬菜颜色多，秀色可餐

制作时间 10 分钟

蔬菜意大利面

食材（2 人份）

意大利面：80 克

A
- 白萝卜：100 克
- 密生西葫芦：$\frac{2}{3}$ 个（100 克）
- 胡萝卜：$\frac{1}{5}$ 根（40 克）

B
- 橄榄油：1 大勺
- 大蒜（切碎）：2 小勺
- 红辣椒（切碎）：1 根

盐、胡椒：少许

制作方法

1. 往锅里倒水，煮沸后放入适量盐，然后按包装袋上的说明煮意大利面。
2. 把 A 中的蔬菜切成薄片。
3. 把 B 倒入平底锅，用小火炒。
4. 在意大利面煮熟前 1 分钟，把切好的蔬菜倒入锅中。
5. 把煮好的面和菜倒入平底锅，再加入盐和胡椒。

食材丰富的面包

大虾和牛油果是很不错的低糖组合

黑麦面包三明治

每人糖分
摄取量 13.2克
热量 239 大卡
盐分 0.7 克

去除糖分的诀窍

选用黑麦面包，其 GI 值比普通面包更低。此外，也可以用三文鱼、金枪鱼来代替大虾。

食材（2 人份）

牛油果：半个（75 克）
黑麦面包：2 片
生菜：1 片
煮好的大虾：40 克
配料
奶酪：50 克
牛奶：1 小勺
柠檬汁：半小勺
盐、胡椒：各少许
欧芹（切碎）：少许

制作方法

1. 把配料倒入盘中拌匀。
2. 把牛油果切成薄片。
3. 在烤好的面包上放好生菜，然后放拌匀的配料、切好的牛油果和煮好的大虾。

以鸡蛋为主，分量充足

鸡蛋三明治

制作时间 10 分钟　也可以当盒饭

食材（2 人份）

鸡蛋：2 个
A 盐：少许
A 蔗糖：1 小勺
A 水：2 小勺
做三明治用的食用面包：2 片
生菜：2 片（30 克）
色拉油：少许

制作方法

1. 把鸡蛋打碎，加入 A 搅拌。
2. 在煎蛋器中加入色拉油并加热，然后放入搅拌好的鸡蛋，做成厚鸡蛋卷。
3. 先在保鲜纸袋中放一片面包，在面包上面紧贴生菜和厚鸡蛋卷，然后再放一片面包。

每人糖分
摄取量 13.0克
热量 153 大卡
盐分 0.7 克

去除糖分的诀窍

低糖且营养丰富的鸡蛋，是每天的必备减肥餐。这种做法，赋予了鸡蛋新的变化。

每人糖分

摄取量 16.4克

热量 288 大卡

盐分 1.5 克

去除糖分的诀窍

和普通面包相比，皮塔面包不仅皮薄，而且含糖量低。此外，用布朗面包也可以。

肉食满满，吃完幸福满满

土耳其皮塔面包

制作时间 10 分钟

食材（2 人份）

切薄的牛肉：100 克

大蒜（切碎）：半小勺

A
- 盐、胡椒：各 $\frac{1}{4}$ 小勺
- 三味香辛料：1 小勺

皮塔面包：1 个

卷心菜、紫色卷心菜（切丝）：总计 50 克

色拉油：1 小勺

配料

酸奶：1 大勺

番茄酱：1 小勺

柠檬汁：2 克；盐、胡椒：各少许

制作方法

1. 平底锅放入色拉油并加热，然后放入牛肉和大蒜煎炒。
2. 牛肉熟了之后，放入 A。
3. 把配料放在一起拌好。
4. 把皮塔面包切开，放入两种卷心菜和炒好的牛肉，最后倒入拌好的配料。

面包上撒乳酪，味道正好

法式乳酪面包

制作时间 10 分钟

也可以当早餐

食材（2 人份）

布朗面包（3 厘米厚）：2 片

A
- 鸡蛋：1 个
- 蔗糖：半小勺
- 牛奶：50 毫升

做比萨用的奶酪、黄油：各 20 克

欧芹：适量

制作方法

1. 在盘中放入 A 混合拌匀，浸入面包。
2. 待面包吸入鸡蛋汁后，把黄油放入平底锅中熔化，然后再放入面包。
3. 把面包两面都热好，然后在上面敷上奶酪，盖上锅盖。待奶酪熔化后，盛入盘子，配上欧芹。

每人糖分

摄取量 15.9克

热量 238 大卡

盐分 0.8 克

去除糖分的诀窍

制作乳酪面包要严格控制砂糖。用乳酪能增加鲜味。

蔬菜和蛋白质都很充足

减糖配菜

在控制主食的时候，可通过配菜来补充营养。

每人糖分
摄取量 2.2克
热量 485 大卡
盐分 0.5 克

蔬菜沙拉

一个盘子装满了蔬菜和蛋白质，分量十足！

只需 3 步，就能完成一道肉、菜组合的美味沙拉

制作时间 10 分钟

涮猪肉沙拉

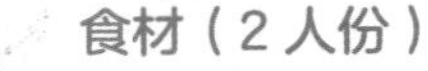

食材（2 人份）

猪五花肉：150 克
自己喜欢的蔬菜：总计 150 克
配料
芝麻粉、芝麻油：各 1 大勺
醋：半大勺
酱油：1 小勺

制作方法

1 **做沙拉**
在盘子里放入沙拉配料，然后拌匀。

2 **煮猪肉**
在锅里烧开水，然后煮好五花肉。

3 **盛入容器**
盛好蔬菜，然后再放入煮好的五花肉和沙拉，拌匀。

要充分用好芝麻的香甜味

五花肉煮过之后，脂肪会大大降低。如果搭配一些自制的沙拉并以此来取代白糖，当然会比市场上卖的沙拉更好。

用市场卖的食材，很快就能做一道豪华沙拉

烤牛肉拌牛油果沙拉

制作时间 5 分钟

每人糖分
摄取量 1.4克
热量 286 大卡
盐分 1.0 克

食材（2 人份）

牛油果（切片）：1 个（150 克）
自己喜欢的蔬菜：总计 150 克
烤牛肉：100 克
盐：2 小撮
橄榄油：2 小勺

制作方法

1. 把蔬菜切碎，大小容易入口即可，然后放入菜盘，再放入切好的牛油果和烤牛肉。
2. 撒上盐，倒入橄榄油。

无须使用其他调料，盐和橄榄油就能拌出简单的美味。搭配牛肉，味道更好。

用好鱼酱油，让你百吃不厌

鸡胸肉拌香菜

制作时间 10 分钟

食材（2 人份）

鸡胸肉：2 块（100 克）
盐、胡椒：各少许
A［鱼酱油：1 小勺
　 芝麻油：2 小勺

配菜

香菜和自己喜欢的蔬菜：总计 100 克

制作方法

1. 把鸡胸肉放入耐热容器，然后放入微波炉加热 1 分半钟。把肉取出。
2. 用手撕开鸡胸肉，撒上盐和胡椒。
3. 将 A 放入盘子，拌匀。
4. 用新盘子放好配菜，然后加入拌好的鸡胸肉和调料 A。

鸡胸肉含糖量低，但蛋白质含量高，是减肥的好食材。独特的鱼酱油与淡淡的鸡胸肉搭配，正好合适。

每人糖分
摄取量 1.0克
热量 101 大卡
盐分 0.6 克

蔬菜沙拉

放入大量菌菇作食材

培根菌菇沙拉

食材（2人份）

A
- 培根（切0.5厘米厚）：50克
- 口蘑、香菇、灰树花菌：共计150克
- 大蒜（切碎）：1小勺

B
- 酱油：1小勺
- 醋：2小勺
- 盐、胡椒：各少许

橄榄油：1大勺
自己喜欢的蔬菜：共计150克

制作方法

1. 把平底锅里的油煎热，放入A炒制，然后用B调味。
2. 把蔬菜盛入盘子，再放入炒好的肉和菌菇。

每人糖分
摄取量 2.7克
热量182大卡
盐分1.0克

菌菇富含食物纤维，加热炒熟后可以多吃。

充分摄取蛋白质，并让你大饱口福

虾仁鸡蛋油豆腐沙拉

制作时间
5
分钟

也可以当
早餐

食材（2人份）

油豆腐：100克
自己喜欢的蔬菜：总计100克
煮好的虾：6只
煮好的鸡蛋（切块）：1个

A
- 蛋黄酱：2大勺
- 牛奶：1大勺
- 盐、胡椒：各少许

制作方法

1. 把A放入容器，拌匀。
2. 把油豆腐切成适当大小。
3. 把蔬菜、煮好的虾、鸡蛋、切好的油豆腐和拌匀的调料A一起搭配。

油豆腐含糖量低，多吃一点也没关系，而且即便不用生火煮熟，也能食用，它能补充人体所需蛋白质。

每人糖分
摄取量 2.2克
热量247大卡
盐分0.6克

让乳酪的香味融入沙拉之中

乳酪块沙拉

每人糖分
摄取量 2.6 克
热量 170 大卡
盐分 0.9 克

食材（2 人份）

自己喜欢的蔬菜：总计 150 克
精致干酪：50 克
A ┌ 乳酪粉、橄榄油、醋：各 1 大勺
 └ 盐、胡椒：各少许

制作方法

1. 把 A 放入容器，拌匀。
2. 在盘子里放入切好的蔬菜和 1 厘米大小的精致干酪，最后再放拌匀的调料 A。

乳酪含糖量低且富含钙质。此外，拌入了乳酪粉的沙拉，也可以和肉类一起搭配。

鸡蛋和纳豆搭配，让食材更有味

温泉蛋纳豆沙拉

制作时间
5
分钟

也可以当
早餐

食材（2 人份）

自己喜欢的蔬菜：总计 150 克
纳豆：2 小包
温泉蛋：1 个
A ┌ 酱油、芝麻油、醋、白芝麻：各 1 大勺
 └ 盐：少许

制作方法

1. 把 A 放入容器，拌匀。
2. 在盘子里放入切好的蔬菜，然后加入纳豆和温泉蛋，最后再放拌匀的调料 A。

每人糖分
摄取量 5.3 克
热量 280 大卡
盐分 1.7 克

富含植物蛋白的纳豆和营养丰富的鸡蛋一起，成为早餐的最佳搭配。

每天都有你想吃的美味

不用煮熟就能轻松做好的凉菜，
是我们减肥的好帮手。
下面，我们就介绍一些
既美味又不怕吃多的菜。

1 分钟就能做好

西红柿拌纳豆

食材（2 人份）

绢豆腐（切成适当大小）：300 克
西红柿：$\frac{1}{4}$ 个（50 克）
纳豆（也可以加附带作料）：1 包

每人糖分摄取量 3.7 克
热量 138 大卡
盐分 0.2 克

制作方法

把切好的西红柿与纳豆混合，然后放在豆腐上即可。

金枪鱼罐头与香菜是绝配

金枪鱼拌香菜

食材（2 人份）

绢豆腐（切成适当大小）：300 克
金枪鱼罐头：1 罐
A
- 香菜（切碎）：2 颗（20 克）
- 橄榄油：1 小勺
- 盐、胡椒：各少许

每人糖分摄取量 2.3 克
热量 154 大卡
盐分 0.4 克

制作方法

把金枪鱼罐头倒入盘子，然后加入 A 拌匀，最后放上豆腐。

培根的香味与豆腐的淡香正好搭配

培根豆芽菜

食材（2 人份）

绢豆腐（切成适当大小）：300 克
薄片培根：50 克
豆芽：$\frac{1}{4}$ 袋（50 克）
橄榄油：1 小勺
盐、胡椒：各少许

每人糖分摄取量 1.8 克
热量 227 大卡
盐分 0.7 克

制作方法

1. 把培根切成 1 厘米大小，把豆芽提前煮好。
2. 在平底锅里热好油，放入培根，用中火炸熟。
3. 把煮好的豆芽和炸好的培根混合，放在豆腐上，然后再加入盐和胡椒。

给市场上卖的沙拉鸡肉点上酱油，使其具有日式风味

鸡肉花椰菜

食材（2人份）

绢豆腐（切成适当大小）：300克
花椰菜：50克
沙拉鸡肉：100克
酱油：1小勺
芥末：半小勺

每人糖分	
摄取量	3.4克
热量164大卡	
盐分1.3克	

制作方法

把煮好的花椰菜切成小块，然后与沙拉鸡肉、酱油、芥末等拌匀，再放在豆腐上。

无法抗拒的简易食材

秋葵拌海蕴

食材（2人份）

绢豆腐（切成适当大小）：300克
秋葵：4根（40克）
醋海蕴：1包

每人糖分	
摄取量	2.0克
热量100大卡	
盐分0.1克	

制作方法

把煮好切开的秋葵与醋海蕴拌匀，然后放在豆腐上即可。

咸萝卜有嚼头，吃起来更爽口

海鲜咸萝卜

食材（2人份）

绢豆腐（切成适当大小）：300克
刺身（三文鱼、金枪鱼、墨鱼）：共计100克
咸萝卜：40克
芝麻油：1小勺
酱油：少许

每人糖分	
摄取量	2.1克
热量184大卡	
盐分0.7克	

制作方法

将切好的海鲜（0.5厘米大小）和咸萝卜、芝麻油、酱油等混合拌匀，放在豆腐上。

油炸豆腐和鱼干组合，美味无比

油炸豆腐拌白鱼干

食材（2人份）

绢豆腐（切成适当大小）：300克
油炸豆腐：1块
A 小干白鱼：10克
A 酱油：1小勺
A 白芝麻：1小撮

每人糖分	
摄取量	1.8克
热量209大卡	
盐分0.6克	

制作方法

1. 热好平底锅，然后放入油炸豆腐。炸脆之后，倒出来切成0.5厘米宽。
2. 将切好的油炸豆腐和A混合，放在绢豆腐上面。

加热即食的蔬菜

每人糖分
摄取量 10.6克
热量 245 大卡
盐分 0.7 克

去除糖分的诀窍

如果只吃土豆，糖分摄取就会过多，加入豆腐渣后不仅可以减糖，还能使味道变得更好。

一看像沙拉，实际一般豆腐渣

豆腐渣土豆沙拉

制作时间 10 分钟　可以预先制作

食材（2人份）　冷藏保存时间 2~3 天

土豆：1个（100克）
胡萝卜（2厘米）、黄瓜（$\frac{1}{6}$根）：各20克
盐：少许
火腿：1根（15克）
A 生豆腐渣：100克
　蛋黄酱：3大勺
　盐、胡椒：各少许

配菜

适量生菜

制作方法

1. 煮好土豆并剥皮，然后将土豆切成1厘米大小。把胡萝卜切碎。分别将两者放入耐热容器，置于微波炉中加热3分钟，使之变软。
2. 把黄瓜切成圆片，撒盐。火腿斜切。
3. 用叉子将土豆碾碎，然后与黄瓜片、火腿以及A中的食材混合。最后盛入盘中，放上生菜。

清脆的口感外加芝麻的香味

萝卜干黄瓜沙拉

制作时间 5 分钟　可以预先制作

食材（2人份）　冷藏保存时间 2~3 天

切好的萝卜干、黄瓜（$\frac{1}{6}$根）：各20克
A 白芝麻、醋、芝麻油：各1大勺
　盐：$\frac{1}{4}$勺

制作方法

1. 把萝卜干放入耐热容器，加水后再放进微波炉，加热1分钟。
2. 把切好的黄瓜丝和A中的调料、加热并控完水的萝卜干混合拌匀。

去除糖分的诀窍

把萝卜干放入微波炉加热一下，会更有嚼劲，客观上也会让人产生一种饱腹感。

每人糖分
摄取量 5.4克
热量 86 大卡
盐分 0.8 克

简单调制就能体验到清爽与甘甜的美味

凉拌豌豆

制作时间 3 分钟

也可作为夜宵

食材（2 人份）

豌豆：10 个（70 克）

A［鲣鱼干：2 克
　 酱油：1 小勺

制作方法

1. 给豌豆撒上适量的食盐后放入耐热容器，用微波炉加热 1 分钟。
2. 加入 A 中的调料，拌匀。

每人糖分摄取量 2.8 克
热量 21 大卡
盐分 0.5 克

去除糖分的诀窍

鲣鱼的香味，有助于减少调料的使用。只要在微波炉中稍微加热，就能吃到这种清爽的美味。

金枪鱼罐头汁是这道美味的关键

金枪鱼拌豆腐

制作时间 5 分钟

每人糖分摄取量 0.4 克
热量 148 大卡
盐分 0.8 克

食材（2 人份）

高野豆腐：2 块（40 克）

水：150 毫升

金枪鱼罐头：1 罐（70 克）

盐：少许

制作方法

1. 在耐热容器中放入切好的豆腐并加水，然后放入微波炉中加热 1 分钟。
2. 加热之后取出，再加入金枪鱼罐头汁和盐，放入微波炉中加热 3 分钟即可。

罐头类的食品，其汁水可以直接食用，这样会减少多余调料的摄取。

简单醇厚的美味

蒸奶茶

制作时间 15 分钟

食材（2 人份）

鸡蛋：1 个

牛奶：150 毫升

盐：$\frac{1}{4}$ 小勺

香菇（切薄片）：1 个

鸡胸肉：20 克

鸭儿芹：适量

制作方法

1. 把鸡蛋打入碗中，加入牛奶、盐拌匀。
2. 在耐热容器中放入鸡胸肉，然后用微波炉加热 1 分半钟，之后拿出来再切薄片。
3. 把拌匀的鸡蛋和切好的香菇、鸡胸肉放在同一容器中，放入微波炉中加热 6~7 分钟，直到表面凝固。最后拿出来，放上鸭儿芹。

每人糖分摄取量 4.0 克
热量 105 大卡
盐分 1.0 克

用蛋白质含量丰富的牛奶代替汤汁，省时又省力。还可以减少盐分的摄取，真可谓一举两得。

只要合理
搭配即可

以下是三种富含维生素的蔬菜汤

条状蔬菜

食材（2人份）

选择自己喜欢的蔬菜（如芹菜、萝卜、红彩椒、芦笋等），然后切成条状，盛入器皿之中。

去除糖分的诀窍

条状蔬菜很适合先吃

在吃饭之前先吃点蔬菜，就可以有效控制血糖的快速上升。不仅如此，如果细嚼慢咽，还可以刺激饱腹中枢，从而防止自己吃得太多。一般来说，选择自己喜欢的蔬菜即可，相关蔬菜的含糖量，我们还会在书后详细介绍。

只要搭配好食材

就能做出以下三种美味

用来夹面包也很好吃

奶油青花鱼

食材（2人份）

青花鱼罐头（水煮）：$\frac{1}{3}$罐（60克）

A
- 生奶油：50克
- 柠檬汁：半小勺
- 盐、胡椒：各少许

配菜

茴香芹、红胡椒：各适量

制作方法

将青花鱼罐头和A中的食材、配菜混合拌匀即可。

每人糖分摄取量 0.8克

热量190大卡

盐分0.7克

去除糖分的诀窍

营养丰富的青花鱼罐头和含糖量低的生奶油组合，可谓绝配。

豆腐的醇香与味噌的咸味正好搭配

豆腐味噌

食材（2人份）

绢豆腐：50克

A
- 甜味噌：1小勺
- 橄榄油：半小勺

配菜

适量小葱

制作方法

1. 把豆腐包好放进耐热容器，然后用微波炉加热2分钟，拿出来后冷却。
2. 和A中的作料、配菜混合拌匀。

每人糖分摄取量 1.3克

热量31大卡

盐分0.2克

去除糖分的诀窍

这道菜的主要食材是豆腐，因此，不仅含糖量低，而且热量也少，和蔬菜搭配做沙拉也可以。

虽然味道醇厚，但是含糖量很低

乳酪三文鱼

食材（2人份）

三文鱼：50克

A
- 乳酪：50克
- 生奶油：1大勺
- 黑胡椒：少许

配菜

芽菜

制作方法

将切碎的三文鱼和A中的食材、配菜混合拌匀。

每人糖分摄取量 0.8克

热量101大卡

盐分1.2克

去除糖分的诀窍

乳酪是一种优质食材，吃的时候不用担心糖分摄取量过多。美味的三文鱼，无须调料也好吃。

减糖配菜

只要合理搭配即可

每人糖分
摄取量 2.3 克
热量 75 大卡
盐分 0.5 克

火腿的咸味和柠檬的酸甜是最佳搭配

生火腿芜菁柠檬

食材（2人份）

生火腿：20克
柠檬：1个
芜菁：1个（100克）
A 柠檬汁：1小勺
A 橄榄油：2小勺
A 盐、胡椒：各少许

配菜

适量茴香芹

制作方法

1. 把生火腿切成适当大小，把柠檬切成8等份，把芜菁切成梳子状。
2. 将切好的上述食材放入盘子，然后加入A。

在根菜中，芜菁的含糖量最低。如果生吃的话，一定要选择新鲜的芜菁。

轻轻松松就能吃到营养丰富的沙丁鱼

沙丁鱼拌洋葱

食材（2人份）

沙丁鱼罐头：半罐（50克）
洋葱：$\frac{1}{4}$个（50克）
A 柠檬汁：半小勺
A 盐：少许
芽菜：2根
黑胡椒：少许

制作方法

1. 把洋葱切薄片后水洗，控干。然后放入盘中，加入A混合拌匀。
2. 在盘子中放入沙丁鱼，配上芽菜，最后再加黑胡椒。

这种做法兼具日式和西式，但不管怎么说，沙丁鱼罐头的含糖量很低，是我们常备的重要食材之一。

每人糖分
摄取量 2.1 克
热量 100 大卡
盐分 0.4 克

时间紧却想吃鱼，这道菜就能满足你

青花鱼芽菜沙拉

制作时间 3 分钟　下酒菜

食材（2人份） 储存期限：冷藏2~3天

青花鱼罐头：1罐（180克）
芽菜：半包（20克）
芝麻油：1小勺
白芝麻：半小勺

制作方法

1. 把青花鱼罐头连肉带汁一起倒入容器，然后把切好的芽菜和芝麻油放进去拌匀。
2. 倒进盘子，撒上芝麻。

芽菜的味道可以让鱼罐头更加美味。

每人糖分摄取量 0.4克
热量 194 大卡
盐分 0.8 克

只要切开拌匀就好，满满的日式味道

章鱼鸭儿芹

制作时间 3 分钟　下酒菜

食材（2人份）

煮好的章鱼：50克
鸭儿芹：10根（20克）
芥末、酱油：各1小勺

制作方法

1. 把煮好的章鱼切成薄片，把鸭儿芹切成3厘米大小。
2. 放入碗中与芥末、酱油混合拌匀。

去除糖分的诀窍

章鱼肉中的牛磺酸能有效减少血液中的胆固醇。

每人糖分摄取量 1.4克
热量 36 大卡
盐分 0.8 克

乳酪与拍好的黄瓜搭配形成天然美味

乳酪黄瓜

制作时间 3 分钟　也可以当早餐

食材（2人份）

黄瓜：1小根（100克）
A 农家干酪：30克
A 柠檬汁：半小勺
A 橄榄油：1小勺
盐、胡椒：各少许

制作方法

1. 将黄瓜捣成碎块，然后放入盐拌匀，放3分钟左右。
2. 控干黄瓜中的水分，加入A混合拌匀，最后再加盐和胡椒调味。

每人糖分摄取量 1.5克
热量 46 大卡
盐分 0.3 克

农家干酪可以有效增加饭菜中的蛋白质。

西餐、中餐和日餐里的经典汤汁让你大饱口福

减糖汤菜

这些汤汁食材丰富，
可以有效减少主食摄取！

制作时间
20
分钟

鲣鱼块与猪肉，是减糖最优搭配

减糖猪肉汤

食材（2人份）

猪五花肉、油豆腐、魔芋：各50克
牛蒡（5~6厘米）、胡萝卜：各20克
莲藕：30克
芝麻油：1小勺
鲣鱼块：2小撮
水：500毫升
味噌：1大勺

制作方法

1. 把五花肉切成3厘米大小，把牛蒡、胡萝卜油豆腐和魔芋切成适当大小。
2. 在锅里热好芝麻油，放入猪肉炒一炒，然后放入上述食材，用中火炒3~4分钟后加入鲣鱼块再炒一会儿。
3. 加水，将食材煮到变软为止，然后关火，放入味噌。

每人糖分
摄取量 6.7克
热量 198 大卡
盐分 0.6 克

去除糖分的诀窍
根菜和魔芋中富含的食物纤维，有助于减缓糖分的吸收。

盛夏时节，美味爽口

混合冷汤汁

除去冷却时间

食材（2人份）

黄瓜（切片）：半根（70克）
盐：少许
A 水：300毫升
A 鲣鱼块：2克
A 味噌、白芝麻：各1大勺
野姜：1个
紫苏叶：3片

制作方法

1. 将黄瓜用盐腌制一会儿。
2. 把A倒入容器，然后再加入切好的紫苏叶和野姜。
3. 加入腌好的黄瓜，将容器放入冰箱冷藏。

野姜、紫苏叶等具有药效，含糖量很低，还可以提高人体免疫力。

每人糖分
摄取量 3.7克
热量 57 大卡
盐分 0.9 克

用煮好的汤汁就能马上做好

鸡肉紫菜汤

食材（2人份）

鸡胸肉：2块（100克）
水：400毫升
盐：$\frac{1}{4}$勺
胡椒：少许
烤紫菜片：$\frac{1}{4}$片
白芝麻：半小勺

制作方法

1. 将鸡胸肉放入锅中加水煮，待水沸腾后用小火再煮2分钟。
2. 取出煮好的鸡胸肉，趁热撕开。
3. 将撕好的鸡胸肉放入锅里加热，加入盐、胡椒调味。然后连肉带汤盛入碗里，再加入烤紫菜片和芝麻。

每人糖分
摄取量 **0.3克**
热量 60 大卡
盐分 0.8 克

去除糖分的诀窍
这种做法最大限度地保留了鸡肉的鲜味，只需要放入少量的盐和胡椒调味即可。

不仅低糖而且含铁丰富

蛤仔汤

除去除砂时间

食材（2人份）

蛤仔（带壳）：100克
卷心菜：20克
绢豆腐：50克
水：300毫升
盐：少许
酱油：1小勺

制作方法

1. 把带壳的蛤仔洗干净，然后放入盐去沙。把卷心菜切好，豆腐切成适当大小。
2. 往锅里倒水，然后放入洗好的蛤仔，用中火加热，待蛤仔开口后，加入卷心菜和豆腐，煮到卷心菜变软为止。
3. 放入盐和酱油调味。

每人糖分
摄取量 **0.9克**
热量 30 大卡
盐分 1.2 克

去除糖分的诀窍
蛤仔的鲜味和卷心菜的鲜味有机结合，可以减少调料的使用，提升口感。

充足利用配料与西红柿中的营养解决蔬菜不足的问题

西班牙冷汤

制作时间 3 分钟

除去冷却时间

食材（2人份）

洋葱：20克
黄瓜：半根（70克）
胡椒汤：1小勺
A 番茄酱（无糖）：300毫升
醋：1大勺
盐：$\frac{1}{4}$小勺
胡椒：少许

配菜
茴香芹

制作方法

1. 把洋葱切碎，黄瓜切成0.5厘米大小。
2. 把A放入碗里充分拌匀，加入切好的洋葱和黄瓜，放入冰箱冷冻一会儿。最后加入胡椒汤和茴香芹。

每人糖分摄取量 6.4克
热量 36 大卡
盐分 0.8 克

去除糖分的诀窍
西班牙冷汤要加入面包才能制作，我们用番茄酱来代替面包，步骤更为简单，减糖效果更明显。

富含矿物质和食物纤维，很容易就热好

豆芽培根汤

制作时间 5 分钟

食材（2人份）

培根：2枚
水：400毫升
酱油：1小勺
生海蕴：100克
豆芽：30克
盐：$\frac{1}{4}$勺
胡椒：少许
芝麻油：1小勺

制作方法

1. 将培根切成2厘米大小，放入平底锅炒熟。
2. 在另一个锅里倒入水和酱油，待水沸腾后改用小火，然后加入炒好的培根和海蕴、豆芽。
3. 再次沸腾后，放入盐和胡椒，最后放芝麻油。

每人糖分摄取量 0.4克
热量 110 大卡
盐分 1.7 克

去除糖分的诀窍
充分发挥培根的鲜味，减少调料中糖分的摄取。

常温和冷点都好吃，能增加食欲

西葫芦牛油果浓汤

制作时间 15 分钟

食材（2人份）

西葫芦：80克
牛油果：1小个（120克）
牛奶：300毫升
盐、胡椒：各少许
鲜奶油：1小勺
水：适量
黄油：10克

制作方法

1. 将西葫芦切成1厘米大小。
2. 在锅里熔化黄油，然后用小火炒一下西葫芦，然后再加入水。
3. 待西葫芦变软后，加入牛油果继续煮，再用勺子将西葫芦和牛油果捣成糊状。
4. 加入盐和胡椒，然后倒入碗中，加入鲜奶油。

用黄油炒菜，会增加不少甜味，这样做出的浓汤必然鲜美。

每人糖分摄取量 8.8克
热量 271 大卡
盐分 0.5 克

咖喱的香味和青花鱼的香味形成最好的搭配

青花鱼咖喱汤

制作时间 15 分钟

每人糖分摄取量 2.4克
热量 204 大卡
盐分 2.1 克

食材（2人份）

青花鱼罐头：1罐（180克）
洋葱：20克
辣椒：1个（40克）
咖喱粉：2小勺
水：400毫升
酱油：1小勺
盐、胡椒：各少许
芝麻油：1小勺

制作方法

1. 把洋葱切薄片，辣椒切成1厘米大小。
2. 在锅里倒油并加热，然后放入洋葱炒1~2分钟，接着放入辣椒再炒，然后加入咖喱粉炒1~2分钟。
3. 加入水和青花鱼罐头，待水沸腾后用中火烧2~3分钟。最后加入酱油、盐和胡椒。

1勺咖喱粉的含糖量是0.6克，因此，用来调味非常合适。

制作时间 10 分钟

裙带菜让猪肉的美味更加宜人

裙带菜鸡蛋汤

每人糖分摄取量 0.9克
热量 170 大卡
盐分 0.6 克

食材（2人份）

猪五花肉：50克
大葱：$\frac{1}{5}$根（20克）
裙带菜：1克
鸡蛋（拌好）：1个
水：400毫升
盐：少许
酱油：半小勺
芝麻油：1小勺

制作方法

1. 把五花肉切成3厘米长度，把大葱切成薄片。
2. 在锅里加油并烧热，放入切好的五花肉和大葱煎炒。
3. 加水，待水沸腾后放入裙带菜、盐、酱油。最后放入鸡蛋液，煮熟后关火。

去除糖分的诀窍

裙带菜富含食物纤维，猪肉富含蛋白质，两者搭配营养更为均衡。

鱼酱油和香菜能够激发食欲

鳕鱼杏鲍菇汤

制作时间 10 分钟

食材（2人份）

鳕鱼（切好）：2块（160克）
杏鲍菇：1根
香菜：1根
水：400毫升
A 鱼酱油、柠檬汁：各1小勺
A 盐、胡椒：各少许

制作方法

1. 把鳕鱼切成适当大小，撒上盐放一会儿。
2. 把杏鲍菇切成适当大小，把香菜切成0.5厘米大小。
3. 在锅里烧水，待水沸腾后放入切好的鳕鱼，煮2~3分钟。
4. 放入切好的杏鲍菇和香菜茎，用A作调料。最后把汤盛入碗里，放上香菜叶。

每人糖分摄取量 1.1克
热量 70 大卡
盐分 1.0 克

鳕鱼含糖量低且蛋白质含量高，是减糖的优质食材。

减肥时吃也没关系

减糖小吃与甜点

对于想减肥但又喜欢吃甜食的朋友来说，下面的食物将会为你解去后顾之忧。

每人糖分
摄取量 7.7克
热量 253 大卡
盐分 0.3 克

煎制也好，常温也好，都好吃

烤乳酪蛋糕

制作时间 10分钟

食材（适量）

奶油乳酪：100克
白糖、柠檬汁：各1大勺
鲜奶油：100毫升
鸡蛋：1个
面粉：20克
黄油：3克

配料

粉糖、薄荷：各适量

制作方法

1 备料

分别将软化了的奶油乳酪、白糖、柠檬汁、鲜奶油、面粉倒入容器，充分搅拌均匀。

2 煎制

用煎蛋锅将黄油熔化，然后将拌好的上述材料倒入锅中，包上铝箔，用小火烤7~8分钟。待表面凝固，再将其盛入盘子，调一些粉糖和薄荷。

用平底锅就能做！

按照上述顺序混合，就不会凝成面团状。通过煎蛋锅小火煎制，即使放的面粉很少也能做得柔软可口。

含黄油但糖分低

烧巧克力

食材（2人份）

板巧克力（可可含量80%）：30克
面粉：1大勺
干杏仁（捣成粗粒）：10克

制作方法

1. 把巧克力用开水煎烫，待其熔化之后加入干杏仁颗粒。
2. 加入面粉，释放余热。用铝箔包好，做成大约1厘米宽的规则形状。凝固好后拆掉铝箔，再切成不同形状。
3. 用烤箱烤10分钟，拿出来冷却。

每人糖分（$\frac{1}{4}$量）
摄取量 6.3克
热量 61 大卡
盐分 0.3 克

去除糖分的诀窍
用可可含量高的巧克力作为原料，可以有效防止血糖的快速上升。

用平底锅就能做

草莓布丁

制作时间
15
分钟

食材（2人份）

草莓：2个（40克）
A 蛋黄：1个
鲜奶油：100毫升
白糖：1大勺

配料

适量薄荷

制作方法

1. 将A放入蒸锅，然后加入切成两半的草莓。
2. 倒入平底锅，加入适量水，用大火烧制。
3. 沸腾之后改用小火，然后盖上锅盖蒸8分钟左右，待蛋液凝固之后即可。最后放上薄荷。

每人糖分
摄取量 8.0克
热量 292 大卡
盐分 0.1 克

去除糖分的诀窍
市场上卖的布丁含糖量很高，如果我们自己做，糖分就可以控制在10克以内。

只要在微波炉中加热就能做好

八桥饼

制作时间 10 分钟

食材（适量）

A
- 糯米粉：20 克
- 做蛋糕用的面粉：30 克
- 白糖：1 大勺
- 水：5 大勺
- 桂皮：1 勺半（或者用 1 小勺抹茶也可以）

黄豆粉：适量

制作方法

1. 将A中的食材放进耐热容器，拌匀。然后用铝箔盖好，放入微波炉加热2分钟。
2. 用勺子将热好的上述混合食材再次搅拌。
3. 铺好铝箔，在上面倒上黄豆粉，然后放上搅拌好的混合食材，再加一点黄豆粉。在保鲜膜上用擀面杖将其擀成3毫米厚。最后按照自己的喜好，切成不同的形状。

和市场上卖的八桥饼相比，这种做法有效地控制了糖分。我们只是在过程中加入少量白糖，以此来提升甜味。

迷你铜锣烧，不用担心吃多

迷你铜锣烧

食材（5 人份）

A
- 面粉：50 克
- 白糖：1 大勺
- 蜂蜜：1 小勺
- 鸡蛋：1 个
- 发酵粉：半小勺

奶油乳酪：50 克

色拉油：少许

制作方法

1. 把A放入容器，混合拌匀。
2. 把色拉油倒入平底锅加热，放一层薄的锡纸。
3. 将混合拌匀的材料A做成直径4~5厘米大小的圆球状，放入平底锅用小火煎炸。当其表面不断出现气泡时，再翻过来煎炸。一共照此做10个即可。
4. 待其出锅冷却之后，在里面加上奶油乳酪。

和普通的铜锣烧相比，这种做法用奶油乳酪代替白糖，减糖效果会很好。

每人糖分
摄取量 9.2 克
热量 101 大卡
盐分 0.2 克

既酥脆又香甜可口

黑芝麻曲奇

食材（约15根）

面粉: 4 大勺
白糖: 1 小勺
盐: 1 小撮
黑芝麻: 2 大勺
色拉油: 1 大勺半

制作方法

❶ 备料

把所有食材装入塑料袋，袋口扎紧，将食材充分混合。然后将这些混合好的食材做成厚约 5~8 毫米、长约 6 厘米的长条。

❷ 烧制

将其放在烧烤纸上，放入微波炉加热2分钟左右，冷却后就可以吃。

发挥好食盐的作用

我们用了一小撮盐而减少白糖的使用，依然可以保证风味醇厚。加之材料都是放在塑料袋混合拌匀，也减少了清洗这一工序。

味道清爽不那么甜

杧果酸奶冰激凌

食材

冷冻杧果：50 克
酸奶：100 毫升
鲜酸奶：2 大勺

配菜

适量茴香芹

制作方法

1. 将所有食材混合拌匀，放入保存容器中，然后在冰箱冷藏凝固。
2. 1 小时后从冰箱中取出，再行搅拌。如此重复做两次。最后放入玻璃碗，放上茴香芹点缀。

不用添加白糖，也能够保留水果的原味。当然，也可以选用其他含糖量低的水果来做。

南瓜本身就能很好吃

南瓜洋粉

食材

南瓜：100 克
A ┌ 洋粉：2 克
  └ 水：250 毫升

制作方法

1. 将 100 克南瓜用铝箔包好放入微波炉加热 3 分钟使其变软，然后用勺子将其捣碎拌匀。
2. 在锅中加入 A 中的食材，用火烧至沸腾。
3. 沸腾后关火，加入捣碎的南瓜，搅匀，然后放入保存容器。最后放入冰箱冷藏凝固。

去除糖分的诀窍

南瓜的糖分本来就高，因此，在制作南瓜洋粉时不放白糖，可以减少糖分摄取。

含糖量低，正好饭前喝

碳酸浆果

食材（2 人份）

冷冻浆果：50 克
水、碳酸水：各适量

配菜

适量薄荷

制作方法

将冷冻浆果、水、碳酸水一起放入高脚杯，用薄荷点缀。

在饭前或饥饿的时候喝一杯，可以有效控制食欲。

纯天然的甜味，无须白糖

米酒可可

食材（2 人份）

无糖可可：1 大勺
热水：200 毫升
米酒：100 毫升

制作方法

用热水将可可融化，然后加入米酒混合拌匀即可。

米酒不但具有美肤和消除疲劳的作用，还可以在制作饮品时代替白糖和牛奶。

市场上的低糖零食

如果这顿饭和上顿饭隔的时间太长，会导致这一顿吃得太多，那就容易引发血糖快速上升。

对此，我们可以吃一些低糖零食，在饥饿时缓解饥饿。

推荐坚果、乳酪和其他小吃

适量吃一些乳酪、无糖酸奶、不加盐的坚果等零食完全没问题。鱿鱼干、牛肉干、醋海带等，不仅有嚼劲，而且含糖量很低。此外，蛋白质含量丰富的鸡蛋、毛豆也可以，无糖碳酸水也是缓解饥饿的不错选择。

牛肉干 2 片（10 克）
糖分 0.6 克

精制乳酪 2 块（20 克）
糖分 0.3 克

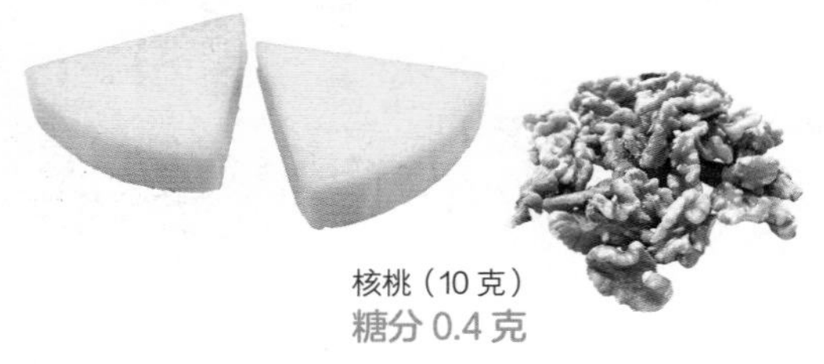

核桃（10 克）
糖分 0.4 克

也可以选择便利店里的低糖甜点

最近，便利店推出了低糖面包圈、瑞士卷、小酥饼、布丁等，可以说琳琅满目。因此，在无法控制甜品诱惑的时候买一些，不会让自己产生心理压力。

可以选用可可含量高的巧克力

巧克力的原料富含可可多酚这种抗氧化成分，因此，可可含量高的巧克力的GI值比较低，可以有效缓解血糖快速上升。

纯天然泡芙：每个含糖量 8.5 克

纯天然夹心饼干：富含食物纤维，每个含糖量 5.6 克

一般来说，可可含量在 70% 以上就可称为“高可可巧克力”。

 ※ 商品信息截至 2020 年 2 月末。

Part 4

点外卖时
如何规避高糖食品？

相比在家做饭，外卖和餐厅中菜品的味道更为复杂，

因此，在选择时需要更加注意。

对此，本章将告诉你哪些地方应该注意，

点哪些东西吃比较好，让你点菜时轻松掌握要点。

1 平日

午餐选择套餐为好

品类多、蔬菜多、调料少是三大关键

如果平时很忙，时间很紧张，那么午饭点个外卖就可以轻松解决吃饭问题。但是，这些轻轻松松就能吃饱的外卖，一般都是主食偏多，含糖量比较高。

因此，我们在选择外卖时，一定要把握好“品类多”“蔬菜多”“调料少”这三个关键点。这样一来，我们就能避开盖浇饭和意大利面这种盛在一个盘子里的饭食，尽量选择营养比较均衡的套餐。只有这样，才能控制糖分摄取量，控制血糖的快速上升。此外，还可以防止疲惫，提高饭后工作效率。

午餐 减糖的关键点

不建议吃咖喱、牛肉盖浇饭和蛋包饭

出门在外，咖喱、蛋包饭、牛肉盖浇饭等可以轻松来一碗。在时间紧迫的情况下，这些很容易成为必选。但是，这些饭食中主食很多，蔬菜搭配很少，糖分自然就高。因此，要想减糖，尽量少吃这些。

主食以“少”为好

套餐若包含主食、配菜、汤类，总体上就会营养均衡，有利于减糖。但是如果把主食全部吃掉，糖分就会超标。因此，订餐时就要注意“少”。

菜品多的日式套餐有益于减糖

以肉和鱼为主菜，以蔬菜和汤汁为配菜的日式套餐营养均衡。再加一点米饭和能够补充蛋白质的纳豆、蛋类就更好了。

带份小碗沙拉将会锦上添花

除了套餐之外，如果还能单点，那么可以选择沙拉、凉菜等低糖配菜。在饭前吃点，可以减缓糖类吸收。

如果是 在咖啡馆点餐

在煎鱼、煎肉之外多点沙拉

在咖啡馆点餐，一般都会选蛋包饭或意大利面，而这些食物含糖量都很高。对此，建议大家选择西式的煎肉（鱼）与沙拉组合。此外，午餐期间不建议多吃面包和米饭。

注意

乌冬面、拉面等面食类含糖量过高

面食不仅含糖量高，而且不扛饿。如果再为乌冬面或荞麦面配上天妇罗、鱼糕、山药泥等甜味菜，还会进一步增加糖分。相比咸味或酱油味，味噌和豚骨拉面的糖分更高。如果要去乌冬面、荞麦面店的话，最好一月一次即可。

如果是 在套餐店点餐

刺身或盐煮鱼套餐最好

这些套餐，无论是调料还是食物都以简单为主，吃完之后糖分摄取少，无须担心。刺身中含有有益于人体的鱼油和酶，而盐煮鱼不仅低糖，而且低热量。如果再配上汤汁、蔬菜和豆腐、海藻等就更好了。

如果是 家庭早餐的话

推荐牛排与沙拉组合

和在咖啡馆点餐的方式一样，可以选择烹调简单的煎肉、煎鱼或者牛排。如果有主食、面包、沙拉、汤汁等可供选择，可以选择牛排和沙拉组合。

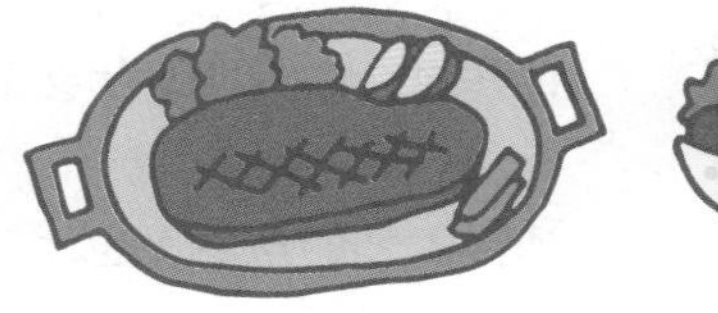

相比套餐，菜品组合更有助于控制血糖

想要外卖吃得放心，外卖店的选择至为重要。一般来说，建议大家选择专业的料理店，避开寿司、天妇罗、煎饼、米饭、米粉之类的食物。

西式、中式或是日式料理都可以，只要合理搭配菜品即可。一般来说，套餐中的食物含糖量较高，其中的主食、甜点经常是固定搭配。只有分别选择主食和配菜，才能降低 GI 值，减少糖类摄取。

周末 正餐的减肥要领

推荐有菜品组合的店

无论是快餐店还是居酒屋，如果主菜、配菜都能单点，食材会更加丰富一些。这样可以在多种菜品中选择低糖食物。除了午餐或者宴会外，晚餐也可以这么选择。

多人围坐可以分吃

如果不想吃意大利面、西班牙海鲜饭、中华大盘菜这些含糖量高的料理，那么尽量去多人围坐的店消费。这样即便饭菜分量大，大家一起分吃，也能获得满足感。

搭配辣酱油时也要注意

有些食材本身是低糖食品，但是如果加上甜酱或其他作料，糖分摄取就会偏高。此外，土豆泥、春雨沙拉、甜辣煮物的含糖量也比较高，做配菜时要注意。

沙拉是减糖好助手

蔬菜摄取不足的人，可以选择去沙拉店。除了生蔬菜外，也可以多吃一些温蔬菜。不过，最好不要食用土豆、南瓜、蛋卷筒、沙拉酱等。

如果是
在日餐店点餐

推荐刺身拼盘或蔬菜锅

鱼含有丰富的蛋白质和有益于人体健康的油类。在冬季，蔬菜锅可以搭配蛋白质保持营养均衡，建议多吃。不过，如果是含糖量高的寿喜锅（日本火锅）或煮食，一般都含有甜味料或煎炸外皮，这些都需要加以注意。

如果是
在特色料理店点餐

可以选择冬阴功汤等汤汁与沙拉组合

除了肉菜、鱼类之外，冬阴功汤和沙拉中的蔬菜也比较多，但是调制时甜味料多，在点之前要注意。绿咖喱、米粉自不必说，生春卷皮的含糖量都比较高，需要少吃。

如果是
在西餐店点餐

尽情选择红酒蒸鱼贝类料理

无论是作为开胃菜还是主食，上述菜品在烹饪时用糖少，所以做鱼做肉都可以。因此，推荐酒蒸或意式酒水煮菜。在等待吃饭期间，不要吃面包或者用面包蘸汤汁。

如果是
在中餐店点餐

推荐蒸鸡和没有勾芡的炒菜

要想选择含糖量低的中餐，就要注意勾芡和甜味料。推荐蒸鸡、素炸大虾、醋拌海蜇、清炒牛肉或蔬菜等。饺子、小笼包等用小麦粉皮包起来的食物，要注意少吃。

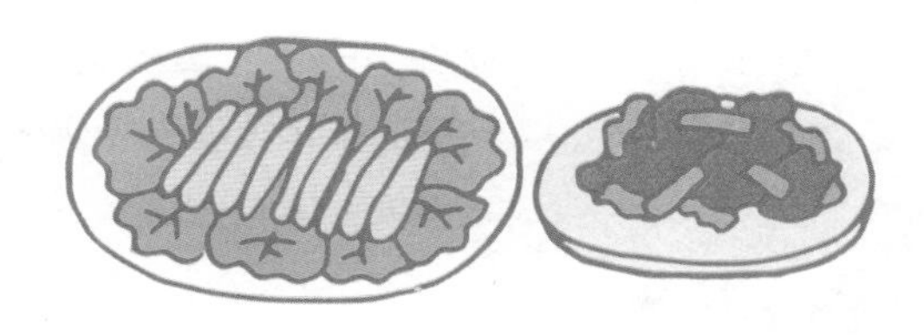

3

快餐

进食顺序影响血糖

吃主食前可以吃点沙拉、喝点汤来控制血糖

日常接触的快餐，比如，汉堡和炸土豆条等，减肥时应尽量少吃。不过，只吃鸡肉或沙拉的话，也可能导致糖分摄取不足。因此，在吃汉堡之前吃点沙拉、喝点汤汁，就可以避免血糖快速升高。

减肥期间，我们一般敬而远之的牛肉盖饭连锁店最新推出了减糖菜单，大家可以酌情判断。

早餐 减糖的关键点

简单烹饪的鸡肉糖分低

拿起菜单点菜时，相比糖分高、热量高或有各类外皮包裹的炸鸡，简单烹饪的鸡肉更合适。相关配菜，也最好不要有玉米、土豆等。

注意吃主食的顺序

在牛肉盖浇饭、乌冬面店，吃主食之前，可以先喝点汤，吃点汤里的食材，避免血糖快速上升。此外，也可以吃点沙拉小食。

无论是正餐时饮用还是偶尔饮用，甜饮都不合适

汉堡店里的必卖品就是甜奶昔和果汁。如果空腹喝或者和汉堡一起吃，必然引起血糖骤升。因此，建议喝白开水、无糖的茶水或者无糖碳酸水。

土豆的糖分和热量都很高

我们随处可吃到的炸薯条，其原料就是土豆。因为经过了油炸，其糖分、脂肪、热量都会变高。此外，土豆罐头的糖分也很高，需要注意。

外卖中的减糖食品

无糖汉堡：家庭食谱中的减肥名菜

以前也好，现在也罢，汉堡都被认为属于高糖分食品。对此，我们制作出低 GI 值的全麦面包，或者用西红柿和大量生菜等作为配菜制作出“无糖汉堡”。

用大量蔬菜制成“蔬菜汉堡”。配料有虾排或照烧鸡肉等 10 多种，也被称为“苔藓汉堡”。

家庭菜单配一些温蔬菜

牛排或西式小食都是减糖的推荐食材。以前会给土豆和蛋卷筒等高糖分食物做一些配菜，现在很多饭店都专门准备了花椰菜和彩椒等蔬菜配菜。

小份上腰肉牛排，或者柚子醋腌上腰牛排（罗怡亚斯酒店）。

在盖浇饭和咖喱饭中加蔬菜和豆腐

大家都知道牛肉盖浇饭和咖喱饭的糖分和热量都很高。对此，可以将白米饭换成豆腐、生菜和肉类，制作成新的牛肉盖浇饭，或者在咖喱饭中加入低糖分的花椰菜等。

用豆腐和生菜等代替米饭，制成新的牛肉盖浇饭。再加些橙醋，效果更好。这道菜也被称为“爱家”。

让面条成为减糖面

面条的含糖量高，即使想吃也不敢多吃。对此，可以将普通的面换成减糖面。可以说，拉面总是减糖时绕不过去的话题。

加 100 日元，就可以将人气版“辣肉味噌担担面”，换成糖分少 40% 的“减糖版菠菜面”。

※ 商品信息截至 2020 年 2 月末。

市场上的减糖食品

市场上的减糖食品逐渐增加

现在，超市和便利店的减糖商品不断增加。比如，可以减糖一半以上的盒饭，或者用大豆粉、全麦粉等 GI 值低的材料做成的面包或面食，只需要用微波炉加热一下即可食用。

即使是一般商品，只要和低 GI 值的糙米、谷物饭团、烧鱼、凉拌菜等搭配，也可以助力减糖。甚至还有专门用于减糖的低糖甜点，可以说数不胜数。

日常 食品的减糖要点

严禁多糖食物一起搭配

饭团、炸牛肉薯饼、意大利面、土豆沙拉、炒饭、饺子等含糖量都很高，无论是主食还是菜肴，都不要一起吃。

选蔬菜种类多的盒饭

相比烧肉盒饭那种以米饭为主而只有一个主菜，幕间盒饭（剧目休息时间提供的盒饭）中的蔬菜种类丰富，推荐食用。也就是说，如果可以选择的话，最好选蔬菜多而主食少的盒饭。

惣菜面包（日本家常菜做的面包）多是高糖食品

惣菜面包十分常见。一个烤面包的含糖量是 35.8 克，一个肉包的含糖量是 44.4 克，但每个惣菜面包的含糖量要比它们还高。这种面包很容易吃多，因此，一定要注意。

“味道重”的食物一般糖分高

饭店的饭菜一般或甜或辣，大都油大味重。不仅煮的东西如此，就连照烧的配料和辣酱油等，也都差不多如此。这些食物糖分高，搭配主食多，所以选择的时候要多加注意，以淡味为主。

如果在超市或便利店买东西

就要重视能补充蛋白质的食材

最好避开高糖分的意大利面、盖浇饭等，可以选择沙拉鸡肉、烧鱼、煮鸡蛋等蛋白质丰富的食物和蔬菜。吃起来很方便的毛豆也不错。沙拉的话，不要选土豆沙拉或通心粉沙拉等，可以选蔬菜多的沙拉。此外，烩菜、烤鸡肉串、外皮比较薄的煎炸食物也不错。

如果选择午饭的话……

腹中饥饿的时候……

如果在地下商场买东西

选择一看就明白的食物

烧鸡、清炖猪肉、剁牛肉、腌蔬菜等食材，看一眼就明白，只要糖分不高就可以。肉馅一般和含糖食材使用，特别是和奶汁干酪烙菜、炖菜、辣酱油等一起搭配时，需要注意。

注意

乌冬面、拉面等面食类避免在空腹时买

去超市、便利店或地下商场时，你是不是会经常买一些不必要的东西？特别是在空腹的时候，看到什么都想买点。因此，最好记住什么东西必需，然后再去超市买，而且不要逗留太久。

喝酒时如何保持低糖饮食？

可以适量喝点蒸馏酒

有的酒含糖，有的酒不含糖，如果是不含糖的烧酒或者威士忌等蒸馏酒的话，可以适量喝一些。与之相比，啤酒和日本酒的含糖量高，先喝啤酒再喝日本酒，很容易发胖。

适量饮酒有益健康，但是酗酒就会引发脑溢血及其并发症，降低认知功能。饮酒还会降低睡眠质量，因此不可过量。

喝酒时的减糖妙招

甜酒多高糖，可以喝水或无糖碳酸水

甜味饮料、鸡尾酒等味道甘甜，很容易喝多，因此要多加注意。烧酒、威士忌相对较好，水、汤汁、乌龙茶以及不含糖的碳酸水也都可以。但是如果加入了果汁，就尽量不要喝。

少喝啤酒，推荐威士忌苏打

一玻璃杯啤酒（350 克）的含糖量约 16 克，相当于一个小面包的含糖量。因此，推荐威士忌苏打。同样的分量，后者的含糖量几乎为零。

喝酒易胖还和酒后吃面有关

酒后上升的血糖要回到原来水平大概需要两小时。这时酒会刚好结束，肚子感到饥饿。如果此时再吃拉面，血糖还会再升，更易发胖。

选择小食以淡味为主

如果只是控制喝酒而不注意饮酒期间的小食，就会功亏一篑。对此，推荐吃一些素食类味淡的小食。比如，烧的比炸的好，咸味的比辛辣味的好。

如果是在居酒屋点餐

烤鸡肉串、刺身、豆腐等富含蛋白质的料理比较好

刚开始，可以吃点毛豆、酸拌海蕴等有嚼劲又比较酸，而且食物纤维丰富的饮食，这样可以减缓血糖上升。接下来，可以将刺身、鱼干、烤鸡肉串等高蛋白食物和凉拌菜、沙拉等蔬菜搭配食用。

如果是在酒吧点餐

可以和干酪、果仁等一起点

干酪和果仁不仅可以减缓血糖上升，还能防止喝醉。众所周知，高蛋白的食物可以分解酒精。特别是喝酒之前，最好多吃一点。但炸土豆片和干果的含糖量比较高，要注意少吃。

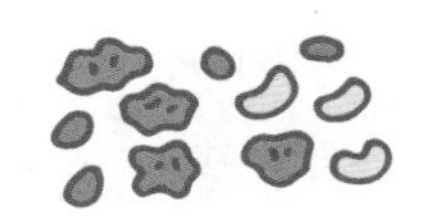

如何选酒

喝了也没关系的酒

白葡萄酒（100 毫升）
糖分 2.0 克
热量 73 大卡

红葡萄酒（100 毫升）
糖分 1.5 克
热量 73 大卡

威士忌苏打（350 毫升）
糖分 0 克
热量 71 大卡

烧酒（60 毫升）
糖分 0 克
热量 88 大卡

威士忌（60 毫升）
糖分 0 克
热量 142 大卡

和酿造酒不同，烧酒、威士忌、伏特加、杜松子酒、朗姆酒等都属于蒸馏酒。这些酒含糖量很低，不易导致肥胖。只不过每种酒的酒精度都很高，因此，喝起来不要过量。此外，葡萄酒虽然属于酿造酒，但是其含糖量远低于日本酒和啤酒，喝两杯一般不会有问题。

最好不要喝的酒

甜鸡尾酒（200 毫升）
糖分 22.9 克
热量 125 大卡

日本酒（180 毫升）
糖分 8.1 克
热量 193 大卡

啤酒（500 毫升）
糖分 23.0 克
热量 315 大卡

梅子酒（60 毫升）
糖分 12.4 克
热量 94 大卡

日本酒和啤酒、绍兴酒等都属于酿造酒，含糖量高，容易导致肥胖。酸味饮料酒、甜香酒、梅子酒等虽然也源自蒸馏酒，但其含糖量很高，加之喝起来舒服，因此，很容易喝多。此类甜酒据说对身体有一定好处，但含糖量很高，应当注意。

市场上售卖的食品包含的重要信息

市场上的加工食品，都有营养成分的说明。

只要认真看，就能有所发现。

示例：

营养成分（每 100 克）
能量 ………………… 195 大卡
蛋白质 ………………… 10.5 克
脂肪 ……………………… 1.7 克
碳水化合物 ………… 34.5 克
食物纤维 ……………… 2.3 克
盐分 ……………………… 0.1 克

注意！

◆糖分的计算方法：

碳水化合物 － 食物纤维 ＝ 糖分

看看营养成分，就知道含糖量

营养成分表中，一般包括能量（热量）、蛋白质、脂肪、碳水化合物、盐分五种成分。这里面和糖分有关的是碳水化合物，碳水化合物越多，含糖量越高。一般来说，用碳水化合物减去食物纤维，就能知道其中的含糖量。

“无糖”“低糖”“控制糖分”的区别是什么？

为了强调含糖量低，不同商品在使用说明上的表述不尽相同。比如，每 100 克食物中的含糖量不足 0.5 克，一般标注为“无糖”，不足 5 克的一般标注为“低糖”和“控制糖分”。如果含糖量在 5 克以上，含糖量在 25% 以内，就会标注为糖分的百分比或具体糖分的含量（克数）。

营养成分表举例

表示强调	无糖	低糖	控制糖分
具体表现	无	低	减少 30%
	零	控制	减少 10 克
	NO	轻微	只有一半
营养成分	热量、脂肪、饱和脂肪酸、糖类、胆固醇、钠		

※　如果是液态食品，基准值一般是每100毫升2.5克。

Part 5

关于减糖的
疑惑与解答

在减糖过程中，可能会遇到很多疑问，

甚至感受到一些不安。

为此，我们对相关问题进行了专门解答，

希望给大家以帮助，让大家安心拥抱健康。

减少用餐次数似乎就能轻松减糖，那么是否可以一天只吃两顿？

A 不要减少吃饭次数，因为这样有可能让血糖更容易上升。

我们不推荐减少吃饭次数。比如，如果不吃早餐，那么前一天的晚餐时间和第二天的午餐时间将间隔很长时间，这样会在第二天午餐时狼吞虎咽，吃得很快。长时间空腹之后再摄取糖类，血糖很容易升高，身体也很容易发胖。因此，还是一日三餐为好，而且每天的用餐时间最好固定。

三代同堂的家庭，老人和孩子一起减糖是否合适？

A 如果老人糖分摄取过多，就要适量减糖，小孩的话，普通饮食即可。

以大米为主食的日本人，糖分摄取总体较多，尤其是老年人，糖分摄取占整个能量摄取的比重过多。如果老人在检查后遇到这些问题，建议按照本书所提供的方法进行尝试。

处在成长期的孩子们，以糖类摄取为主，蛋白质和脂肪的摄取不可或缺。因此，不要刻意限制孩子的糖类摄取。此外，肉、鱼、蔬菜等都要充分补充，以获取均衡营养。当然，虽然不限制，但是也不能过量。不仅是糖类，就是肉类和脂肪，也不能过多摄取。

孕妇怀孕期间需要营养充足，最好不要减糖。

在外面吃太多，摄取了大量甜食，有没有办法弥补？

A 如果因此不吃饭，就只会产生相反效果。这种情况，一般需要调整 2~3 天。

有的人不注意糖分，大吃大喝，吃完之后到了第二天就开始后悔，于是准备调整。一般来说，要想控制这些高糖食物，都需要 2~3 天来调整。如果采取不吃饭等极端方式，此后再摄取时血糖会快速上升，需要警惕。因此，减糖的关键是“减”，而不是“禁止”。

经常有人说自己喜欢甜食，没法控制。对此，可以通过下午茶的方式来调整。这种情况下，对甜品的摄取一般是平常的三分之一左右。

减糖时不运动也没关系吗？

A 为了防止反弹，维持正常体重，最好坚持运动。

运动可以维持甚至增加肌肉，对我们来说十分重要。如果肌肉增加，就可增加基础代谢等各类能量的消耗。此外，通过吃饭获取的糖类会实现更好的代谢。体重相同，肌肉多的人糖类代谢更好。

如果是极端的减糖方式，比如，一旦通过限制饮食来减肥，脂肪和肌肉就会同时减少，短时间内看起来体重会减轻，但是很容易反弹。只有将减糖和运动有效结合，才能取得更好的减肥效果。

肉类属于低糖食品，是否吃多少也没关系？

A 肉类虽然属于低糖食品，但是热量和脂肪很高。因此，一定要注意选择，适当摄取。

肉类的含糖量低，且富含丰富的蛋白质，是减肥时不可或缺的食材。但是，像五花肉、里脊肉这些肉类，不仅脂肪高，而且热量高，并不是吃得越多越好。

众所周知，肉类的脂肪中含有胆固醇、中性脂肪这些饱和脂肪酸，一旦摄取过多，就会阻碍血液流通，引起动脉硬化。此外，还会导致肠道内的细菌增加，让肠道脂肪增多，进而妨碍胰岛素发挥应有的作用。因此，选择脂肪少点的肉比较好，吃的时候也不要吃太多。

减糖减了半天，可是体重一直没减，这是什么原因？

A 这可能是无意之中摄取了糖类，需要自我检查。

减糖是比较简单且容易见效的减肥方式。如果减糖后体重没变，可能是在无意之中摄取了糖类，或者是觉得某些食物属于低糖，最终导致热量摄取过多，或者几乎没怎么运动……诸如此类，总有原因。不妨把自己吃的食物和进行的运动记到笔记本上，以此来反思自己的饮食和运动情况。

此外，即使控制了饮食中的含糖量，但经常喝甜味果汁或运动饮料等来补充水分，或者晚上喝啤酒，也会让自己的努力功亏一篑。甚至有的人习惯性地在咖啡中加糖，或者往嘴里塞糖吃，这种看似简单的小事，也会阻碍减肥效果。

高血糖或糖尿病患者在治疗时，不能减糖吗？

A 不要自己决定，一定要遵从医嘱。

近来，有些人检查身体时被发现是高血糖，但他们不去医院，而是自己想办法减糖，导致症状恶化。如果自己头脑一热，采取极端的减糖方式，就会同时阻断蛋白质、脂肪等能量源，伤害肾脏，引起胆固醇上升，诱发心肌梗死或中风。特别是正在注射胰岛素、吃降糖药、有肝功能障碍的人或肝硬化患者，千万不要随便减糖，而要遵循医生的要求。

短期内 1 天的糖分摄取量不足 100 克也没关系吗？

A 这样体重可能很快降下来，但是反弹的可能性很大。

像拳击手、演员等，需要在短期内快速降低体重，他们会采取极端的减肥方式，并获得明显效果。但是，之后如果不进行严格控糖，体重就很难再维持现状，很快出现反弹。剧烈的减糖一般都是减少脂肪，但一旦反弹反而会使脂肪增加，进而影响身体健康。

为了维持身体和大脑的运转，每天至少要摄取 100 克糖类。要想减肥成功并维持体重，千万不要采取极端的减糖方式，一定要确保每天的糖类摄取量不低于总能量的 40%。

控制主食增加菜品，这样会加大饮食开支怎么办？

A 如果能搭配好罐装食物和大豆制品，就能做到理性减糖。

如果减少让人产生饱腹感的主食而增加肉、鱼和蔬菜的摄取，我们的饮食开支就会增大。

对此，如果选择鸡胸肉这种含糖量低，但容易让人恢复精力的肉类，或者牛肉、猪肉中含红肉多的碎切肉，价格就比较便宜。如果再搭配豆腐或油豆腐块，不仅价格低分量足，而且动物蛋白和植物蛋白都可以摄取。如果搭配鱼类和贝类，那么罐头制品也可以作为选择。比如，青花鱼、沙丁鱼等鱼类的水煮罐头，价格都比较便宜。

如果甜味调料不会引起血糖上升，那么放多少也没事？

A 万事都不可过于迷信。因此，最好远离那些不常用的甜味调料。

甜味调料是用普通调料和日式甜点制成的，一般来说能量比较低，这是它的优点。但是，如果习惯了用甜味调料甚至离不开，就会出现问题。从医学的角度看，相关数据显示，甜味调料可能容易引起肠道细菌群的恶化，进而更易引发肥胖。如果过于依赖甜味调料，那么可以在特别想吃的时候放上一点。

附录

家常菜、食材的含糖量

第 116~125 页，分门别类地介绍了家常菜的糖分、蛋白质、脂肪、盐分含量，并配上对应的图片。

第 126~131 页，主要罗列了常用食材的相关数值。

关于本书的数据

1. 相关食材、饭菜的数据，主要以日本文部省科学技术学术审议会资源调查分会所发表的《日本食品标准成分表 2015 年版》（第 7 次修订）为标准。碳水化合物的数值是 Tr（微量）的话，表示糖分基本为 0 克。食物纤维 Tr 值也是以碳水化合物为标准计算得出。上述成分表中没有收录的商品，也参考了相关企业发表的数据。
2. 市场上的商品，一部分是根据碳水化合物来算出含糖量。
3. 盐分即含盐量，其中部分含盐量由部署编辑部计算得出。
4. 食材的重量以可食用部分为计算标准。
5. 相关数据一般都包含蔬菜和汤汁中的数据。
6. 家常菜、食材一般按照含糖量由低到高排列。
7. 猪肉中包含脂肪，鸡肉中包含鸡皮，牛肉主要以日本牛，鸡肉主要以刚成熟的鸡为标准计算。
8. 相关菜谱中，也有部分食材没有介绍。
9. 书中的部分数据，是按照 100 克或 100 毫升为单位换算得出的。

肉类

日餐：

涮锅
（牛里脊肉 105 克）

糖分 6.7克

热量	蛋白质	脂肪	盐分
488大卡	13.2克	38.3克	0.6克

烤鸡肉串（含葱串、调味汁）
（鸡腿肉 20 克）

糖分 2.1克

热量	蛋白质	脂肪	盐分
60大卡	5.6克	2.8克	0.4克

焖牛肉
（牛腱子肉 60 克）

糖分 7.5克

热量	蛋白质	脂肪	盐分
142大卡	18.4克	3.0克	2.3克

照烧鸡
（鸡腿肉 50 克）

糖分 3.2克

热量	蛋白质	脂肪	盐分
153大卡	13.6克	8.6克	0.8克

猪肉青菜卷
（猪里脊肉 80 克）

糖分 7.7克

热量	蛋白质	脂肪	盐分
291大卡	16.0克	19.8克	0.8克

生姜炒猪肉
（猪里脊肉 90 克）

糖分 4.0克

热量	蛋白质	脂肪	盐分
301大卡	17.4克	22.1克	1.9克

炖肉块
（猪五花肉 100 克）

糖分 8.6克

热量	蛋白质	脂肪	盐分
482大卡	14.2克	40.2克	1.4克

炸鸡块
（鸡腿肉 120 克）

糖分 5.3克

热量	蛋白质	脂肪	盐分
281大卡	20.2克	18.2克	0.7克

寿喜锅
（牛里脊肉 90 克）

糖分 14.9克

热量	蛋白质	脂肪	盐分
587大卡	25.4克	43.3克	2.4克

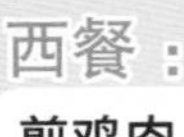

西餐：

煎鸡肉
（鸡腿肉 50 克）

糖分 0克

热量	蛋白质	脂肪	盐分
135大卡	13.2克	8.6克	0.9克

炸鸡翅
（鸡翅 80 克）

糖分 2.2克

热量	蛋白质	脂肪	盐分
120大卡	9.0克	7.7克	0.3克

炸肉饼
（碎猪肉 60 克）

糖分 8.0克

热量	蛋白质	脂肪	盐分
306大卡	13.6克	23.0克	0.8克

炒猪肉
（猪里脊肉 90 克）

糖分 9.3克

热量	蛋白质	脂肪	盐分
349大卡	17.6克	24.5克	1.7克

炸猪肉
（猪里脊肉 100 克）

糖分 11.3克

热量	蛋白质	脂肪	盐分
490大卡	21.7克	37.5克	0.8克

中餐：

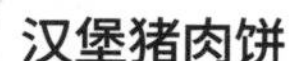

汉堡猪肉饼
（猪肉、牛肉的混合肉馅 100 克）

糖分 15.0克

热量	蛋白质	脂肪	盐分
448大卡	20.9克	31.7克	2.7克

棒棒鸡
（鸡胸肉 50 克）

糖分 3.9克

热量	蛋白质	脂肪	盐分
114大卡	12.4克	4.6克	1.1克

烧卖
（猪肉馅 46 克）

糖分 13.7克

热量	蛋白质	脂肪	盐分
193大卡	9.9克	9.9克	1.0克

牛腰排
（牛上腰肉 130 克）

糖分 18.1克

热量	蛋白质	脂肪	盐分
603大卡	23.6克	45.2克	2.1克

牛肝韭菜
（牛肝 60 克）

糖分 6.7克

热量	蛋白质	脂肪	盐分
145大卡	13.5克	6.0克	1.7克

饺子
（饺子皮 30 克，猪肉馅 18 克）

糖分 19.5克

热量	蛋白质	脂肪	盐分
207大卡	6.7克	9.9克	1.0克

炖牛肉
（牛肩肉 60 克）

糖分 19.0克

热量	蛋白质	脂肪	盐分
290大卡	13.3克	14.7克	1.3克

回锅肉
（猪里脊肉 50 克）

糖分 9.9克

热量	蛋白质	脂肪	盐分
300大卡	11.7克	21.8克	3.5克

糖醋肉丸子
（猪肉馅 100 克）

糖分 24.4克

热量	蛋白质	脂肪	盐分
399大卡	21.6克	22.4克	3.2克

清炖鸡肉
（鸡腿肉 40 克）

糖分 22.3克

热量	蛋白质	脂肪	盐分
292大卡	14.1克	15.0克	0.9克

油淋鸡
（鸡腿肉 100 克）

糖分 10.2克

热量	蛋白质	脂肪	盐分
284大卡	17.8克	17.6克	1.4克

咕咾肉
（猪腿肉 65 克）

糖分 38.5克

热量	蛋白质	脂肪	盐分
387大卡	15.9克	17.2克	3.3克

卷心菜卷
（猪肉牛肉的混合肉馅 100 克）

糖分 24.3克

热量	蛋白质	脂肪	盐分
447大卡	23.7克	25.9克	3.2克

青椒肉丝
（牛腿肉 60 克）

糖分 11.0克

热量	蛋白质	脂肪	盐分
294大卡	14.4克	19.2克	1.6克

春卷
（猪腿肉 32 克，春卷皮 60 克）

糖分 46.3克

热量	蛋白质	脂肪	盐分
610大卡	19.3克	35.3克	1.5克

鱼类和贝类

煮鱼：

姜汁沙丁鱼
（沙丁鱼 60 克）

糖分 6.4克

热量	蛋白质	脂肪	盐分
137大卡	12.5克	5.5克	1.9克

酱煮青花鱼
（青花鱼 80 克）

糖分 6.8克

热量	蛋白质	脂肪	盐分
242大卡	17.4克	13.8克	1.0克

炖鲽鱼
（鲽鱼 200 克）

糖分 7.4克

热量	蛋白质	脂肪	盐分
135大卡	20.3克	1.3克	1.4克

西红柿煮白肉鱼
（白肉鱼 70 克）

糖分 21.0克

热量	蛋白质	脂肪	盐分
299大卡	17.7克	13.3克	1.8克

烤鱼：

盐烤秋刀鱼
（秋刀鱼 60 克）

糖分 0克

热量	蛋白质	脂肪	盐分
95大卡	8.4克	6.3克	0.8克

香草烤鳕鱼
（鳕鱼 70 克）

糖分 0.3克

热量	蛋白质	脂肪	盐分
74大卡	12.3克	2.2克	0.6克

酱烧鲭鱼
（鲭鱼 55 克）

糖分 3.1克

热量	蛋白质	脂肪	盐分
132大卡	13.9克	6.2克	1.2克

照烧鲷鱼
（鲷鱼 70 克）

糖分 4.0克

热量	蛋白质	脂肪	盐分
218大卡	15.6克	14.4克	1.3克

什锦烧鲑鱼
（鲑鱼 50 克）

糖分 17.3克

热量	蛋白质	脂肪	盐分
336大卡	19.7克	17.8克	2.1克

油炸类和天妇罗：

白肉鱼天妇罗
（白肉鱼 20 克）

糖分 3.0克

热量	蛋白质	脂肪	盐分
68大卡	4.3克	4.0克	0.1克

炸虾
（大虾 40 克）

糖分 3.1克

热量	蛋白质	脂肪	盐分
77大卡	8.1克	3.1克	0.2克

炸竹荚鱼
（竹荚鱼 70 克）

糖分 5.2克

热量	蛋白质	脂肪	盐分
267大卡	15.4克	19.5克	0.7克

龙田秋刀鱼
（秋刀鱼 70 克）

糖分 6.3克

热量	蛋白质	脂肪	盐分
275大卡	12.7克	20.0克	0.8克

炸章鱼
（章鱼 100 克）

糖分 11.9克

热量	蛋白质	脂肪	盐分
220大卡	22.3克	7.7克	1.4克

蛋类和豆制品

蛋类：

水煮蛋
（鸡蛋 50 克）

糖分 0.1克

热量	蛋白质	脂肪	盐分
76大卡	6.5 克	5.0 克	0.1 克

鸡蛋火腿
（鸡蛋 50 克）

糖分 0.4克

热量	蛋白质	脂肪	盐分
133大卡	9.5 克	9.9 克	1.0 克

煎蛋卷
（鸡蛋 50 克）

糖分 2.6克

热量	蛋白质	脂肪	盐分
104大卡	6.5 克	6.9 克	0.8 克

汤汁鸡蛋卷
（鸡蛋 50 克）

糖分 4.1克

热量	蛋白质	脂肪	盐分
97大卡	6.3 克	5.7 克	0.6 克

豆腐类：

汤豆腐
（绢豆腐 100 克）

糖分 1.9克

热量	蛋白质	脂肪	盐分
59大卡	5.3 克	3.1 克	0 克

凉拌羊栖菜
（木棉豆腐 40 克）

糖分 2.2克

热量	蛋白质	脂肪	盐分
59大卡	3.8 克	3.5 克	0.9 克

苦瓜烧豆腐
（木棉豆腐 100 克）

糖分 2.9克

热量	蛋白质	脂肪	盐分
288大卡	14.4 克	22.9 克	1.5 克

豆腐牛排
（木棉豆腐 50 克）

糖分 4.7克

热量	蛋白质	脂肪	盐分
72大卡	3.9 克	3.7 克	0.5 克

麻婆豆腐
（木棉豆腐 200 克）

糖分 9.5克

热量	蛋白质	脂肪	盐分
407大卡	24.6 克	27.8 克	3.6 克

大豆加工类：

油炸豆腐
（油豆腐 100 克）

糖分 0克

热量	蛋白质	脂肪	盐分
416大卡	23.6 克	34.4 克	0 克

豆腐鸡蛋
（高野豆腐 15 克）

糖分 5.1克

热量	蛋白质	脂肪	盐分
144大卡	11.8 克	7.8 克	1.2 克

水煮油豆腐
（油豆腐 60 克）

糖分 9.0克

热量	蛋白质	脂肪	盐分
141大卡	7.4 克	6.8 克	1.4 克

水晶花
（豆腐渣 35 克）

糖分 10.3克

热量	蛋白质	脂肪	盐分
101大卡	3.3 克	3.0 克	0.9 克

卤煮大豆
（大豆 45 克）

糖分 10.3克

热量	蛋白质	脂肪	盐分
112大卡	7.1 克	3.1 克	1.6 克

蔬菜、芋头和海藻

凉菜：

芥末拌西兰花
（西兰花 65 克）

糖分 1.1克

热量	蛋白质	脂肪	盐分
34大卡	5.2克	0.4克	0.9克

凉拌扁豆
（扁豆 50 克）

糖分 3.7克

热量	蛋白质	脂肪	盐分
25大卡	1.5克	0.1克	0.5克

醋拌菠菜
（菠菜 40 克）

糖分 4.2克

热量	蛋白质	脂肪	盐分
46大卡	2.0克	1.8克	0.6克

山药梅肉
（山药 60 克）

糖分 9.1克

热量	蛋白质	脂肪	盐分
48大卡	1.8克	0.2克	0.8克

煮菜：

羊栖菜炖胡萝卜
（胡萝卜 10 克）

糖分 3.3克

热量	蛋白质	脂肪	盐分
34大卡	0.9克	1.2克	1.0克

小松菜油炸豆腐
（小松菜 80 克）

糖分 4.2克

热量	蛋白质	脂肪	盐分
96大卡	5.4克	5.3克	1.1克

炖干萝卜丝
（干萝卜丝 6 克）

糖分 4.8克

热量	蛋白质	脂肪	盐分
49大卡	2.3克	1.8克	0.7克

炖南瓜
（南瓜 100 克）

糖分 24.0克

热量	蛋白质	脂肪	盐分
128大卡	2.7克	0.3克	0.8克

肉炖土豆
（土豆 80 克）

糖分 29.0克

热量	蛋白质	脂肪	盐分
331大卡	11.3克	17.4克	1.9克

炒菜：

黄油炒菠菜
（菠菜 100 克）

糖分 0.3克

热量	蛋白质	脂肪	盐分
57大卡	2.2克	4.5克	0.5克

酱炒苦瓜
（苦瓜 40 克）

糖分 5.1克

热量	蛋白质	脂肪	盐分
117大卡	2.7克	8.3克	1.3克

炒青菜
（卷心菜 60 克）

糖分 6.0克

热量	蛋白质	脂肪	盐分
123大卡	2.8克	9.1克	1.4克

炒牛蒡
（牛蒡 50 克）

糖分 7.9克

热量	蛋白质	脂肪	盐分
74大卡	1.7克	2.4克	0.9克

八宝菜
（白菜 40 克）

糖分 13.5克

热量	蛋白质	脂肪	盐分
353大卡	17.1克	23.4克	1.8克

腌菜：

榨菜
（15 克）

糖分 0克

热量	蛋白质	脂肪	盐分
3大卡	0.4 克	0 克	2.1 克

腌白菜
（30 克）

糖分 0.5克

热量	蛋白质	脂肪	盐分
5大卡	0.4 克	0 克	0.7 克

辣白菜
（40 克）

糖分 2.1克

热量	蛋白质	脂肪	盐分
18大卡	1.1 克	0.1 克	0.9 克

腌黄瓜
（13 克）

糖分 2.2克

热量	蛋白质	脂肪	盐分
9大卡	0 克	0 克	0.1 克

什锦八宝酱菜
（10 克）

糖分 2.9克

热量	蛋白质	脂肪	盐分
14大卡	0.34 克	0 克	0.5 克

沙拉：

海藻沙拉
（裙带菜 1 克，生菜 20 克）

糖分 1.9克

热量	蛋白质	脂肪	盐分
14大卡	0.7 克	0.1 克	0.3 克

豆腐沙拉
（绢豆腐 100 克）

糖分 3.8克

热量	蛋白质	脂肪	盐分
70大卡	5.8 克	3.1 克	0 克

萝卜沙拉
（萝卜 200 克）

糖分 6.6克

热量	蛋白质	脂肪	盐分
44大卡	1.4 克	0.3 克	1.7 克

土豆沙拉
（土豆 70 克）

糖分 12.9克

热量	蛋白质	脂肪	盐分
165大卡	3.4 克	10.7 克	0.9 克

通心粉沙拉
（通心粉 40 克）

糖分 13.6克

热量	蛋白质	脂肪	盐分
154大卡	2.7 克	9.1 克	1.4 克

汤菜：

猪肉汤
（猪五花肉 20 克）

糖分 0.4克

热量	蛋白质	脂肪	盐分
69大卡	5.7 克	4.6 克	0.9 克

豆腐味噌汤
（绢豆腐 25 克）

糖分 2.2克

热量	蛋白质	脂肪	盐分
35大卡	2.7 克	1.5 克	1.4 克

蛤蜊浓汤
（土豆 35 克）

糖分 14.4克

热量	蛋白质	脂肪	盐分
195大卡	6.8 克	11.6 克	2.1 克

浓菜汤
（土豆 20 克）

糖分 15.0克

热量	蛋白质	脂肪	盐分
116大卡	3.3 克	3.9 克	1.4 克

玉米汤
（玉米 50 克）

糖分 16.0克

热量	蛋白质	脂肪	盐分
145大卡	5.9 克	6.0 克	1.4 克

主食类

盖饭：

酱油海鲜盖饭
（白米饭 250 克）

糖分 97.1克

热量	蛋白质	脂肪	盐分
550大卡	26.2克	2.8克	1.7克

鸡肉鸡蛋盖饭
（白米饭 250 克）

糖分 105.9克

热量	蛋白质	脂肪	盐分
702大卡	24.5克	14.5克	3.0克

牛肉盖饭
（白米饭 250 克）

糖分 110.8克

热量	蛋白质	脂肪	盐分
770大卡	20.0克	21.7克	3.9克

天妇罗盖饭
（白米饭 250 克）

糖分 119.9克

热量	蛋白质	脂肪	盐分
771大卡	22.1克	17.5克	3.8克

西餐：

焗烤通心粉
（通心粉 35 克）

糖分 35.9克

热量	蛋白质	脂肪	盐分
390大卡	17.7克	17.7克	2.3克

肉汁烩饭
（白米饭 115 克）

糖分 43.7克

热量	蛋白质	脂肪	盐分
316大卡	6.7克	10.3克	1.4克

蛋包饭
（白米饭 200 克）

糖分 87.0克

热量	蛋白质	脂肪	盐分
696大卡	20.6克	25.6克	3.2克

牛肉洋葱盖浇饭
（白米饭 230 克）

糖分 98.1克

热量	蛋白质	脂肪	盐分
714大卡	17.6克	24.4克	2.3克

牛肉咖喱饭
（白米饭 230 克）

糖分 108.0克

热量	蛋白质	脂肪	盐分
783大卡	18.5克	26.7克	2.8克

意大利面：

胡椒意大利面
（煮好的意大利面 250 克）

糖分 76.3克

热量	蛋白质	脂肪	盐分
509大卡	13.7克	12.3克	4.0克

卡波纳拉意大利面
（煮好的意大利面 250 克）

糖分 77.2克

热量	蛋白质	脂肪	盐分
856大卡	27.5克	44.0克	5.0克

日式蘑菇意大利面
（煮好的意大利面 250 克）

糖分 78.8克

热量	蛋白质	脂肪	盐分
601大卡	16.6克	20.3克	4.9克

番茄酱意大利面
（煮好的意大利面 250 克）

糖分 81.2克

热量	蛋白质	脂肪	盐分
500大卡	14.8克	8.5克	4.0克

肉丁意大利面
（煮好的意大利面 250 克）

糖分 86.2克

热量	蛋白质	脂肪	盐分
679大卡	24.5克	16.0克	5.0克

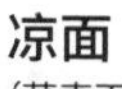

荞麦面和乌冬面：

凉面
（荞麦面 170 克）

糖分 44.7克

热量	蛋白质	脂肪	盐分
245大卡	9.2克	1.7克	1.4克

素汤面
（荞麦面 170 克）

糖分 47.3克

热量	蛋白质	脂肪	盐分
268大卡	11.6克	1.8克	2.9克

清汤炖面
（乌冬面 250 克）

糖分 57.2克

热量	蛋白质	脂肪	盐分
289大卡	7.8克	1.0克	2.7克

味噌炖面条
（乌冬面 250 克）

糖分 61.4克

热量	蛋白质	脂肪	盐分
519大卡	26.6克	13.8克	4.8克

咖喱面条
（乌冬面 250 克）

糖分 81.8克

热量	蛋白质	脂肪	盐分
429大卡	10.8克	1.4克	5.2克

中国面食：

酱油拉面
（煮好的面条 200 克）

糖分 60.1克

热量	蛋白质	脂肪	盐分
380大卡	19.3克	4.0克	5.1克

蘸面
（煮好的面条 200 克）

糖分 60.2克

热量	蛋白质	脂肪	盐分
443大卡	23.1克	8.7克	1.9克

汤面
（煮好的面条 200 克）

糖分 61.7克

热量	蛋白质	脂肪	盐分
396大卡	15.5克	5.6克	0.7克

猪骨拉面
（煮好的面条 200 克）

糖分 63.3克

热量	蛋白质	脂肪	盐分
410大卡	19.4克	5.2克	5.3克

炒面
（煮好的面条 170 克）

糖分 73.0克

热量	蛋白质	脂肪	盐分
685大卡	15.5克	32.1克	3.3克

面包类：

三明治
（食用面包粉 40 克）

糖分 18.1克

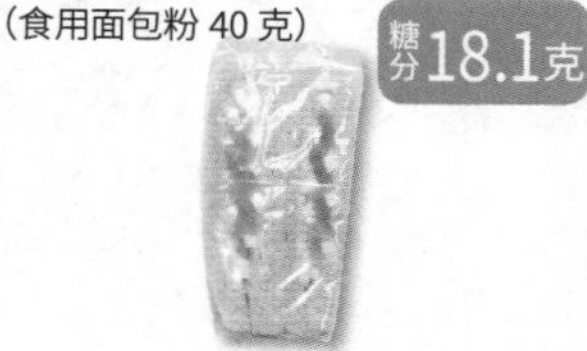

热量	蛋白质	脂肪	盐分
270大卡	10.5克	16.4克	1.2克

热狗
（纺锤形面包 60 克，德国香肠 30 克）

糖分 29.3克

热量	蛋白质	脂肪	盐分
262大卡	9.1克	11.4克	1.4克

汉堡
（圆面包 50 克）

糖分 29.8克

热量	蛋白质	脂肪	盐分
265大卡	9.5克	11.0克	1.5克

咖喱面包
（圆面包 50 克）

糖分 36.8克

热量	蛋白质	脂肪	盐分
401大卡	9.0克	22.0克	1.2克

比萨饼
（虾 40 克，乌贼 60 克，奶酪 40 克）

糖分 74.8克

热量	蛋白质	脂肪	盐分
610大卡	38.1克	13.4克	3.5克

零食和饮品

小吃：

薯片
(15 克)

糖分 7.6克

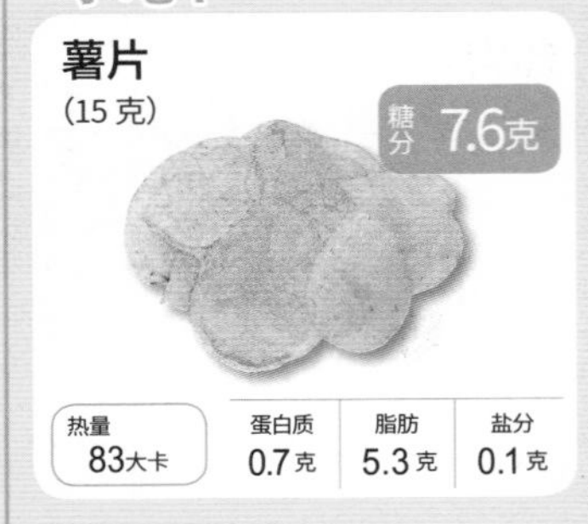

热量	蛋白质	脂肪	盐分
83大卡	0.7克	5.3克	0.1克

巧克力
(1 块 20 克)

糖分 10.4克

热量	蛋白质	脂肪	盐分
112大卡	1.4克	6.8克	0克

煎饼
(2 块 13 克)

糖分 10.7克

热量	蛋白质	脂肪	盐分
48大卡	1.0克	0.1克	0.3克

爆米花
(20 克)

糖分 12.9克

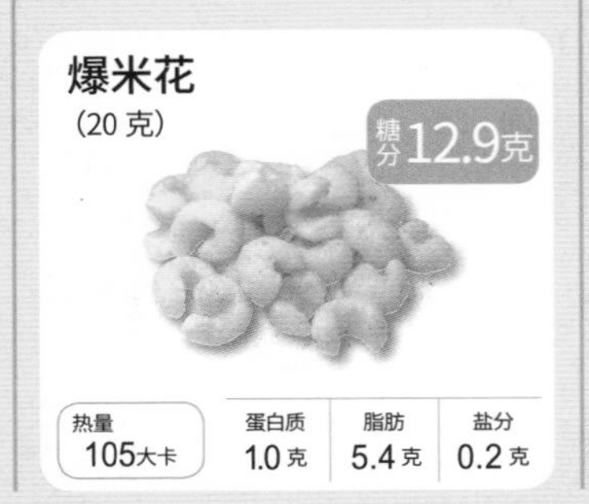

热量	蛋白质	脂肪	盐分
105大卡	1.0克	5.4克	0.2克

西式甜点：

芝士蛋糕
(1 个 85 克)

糖分 15.0克

热量	蛋白质	脂肪	盐分
272大卡	6.2克	20.3克	0.4克

布丁
(1 个 110 克)

糖分 16.2克

热量	蛋白质	脂肪	盐分
139大卡	6.1克	5.5克	0.2克

提拉米苏
(1 个 90 克)

糖分 15.1克

热量	蛋白质	脂肪	盐分
208大卡	5.4克	14.2克	0.2克

曲奇
(3 个 30 克)

糖分 18.4克

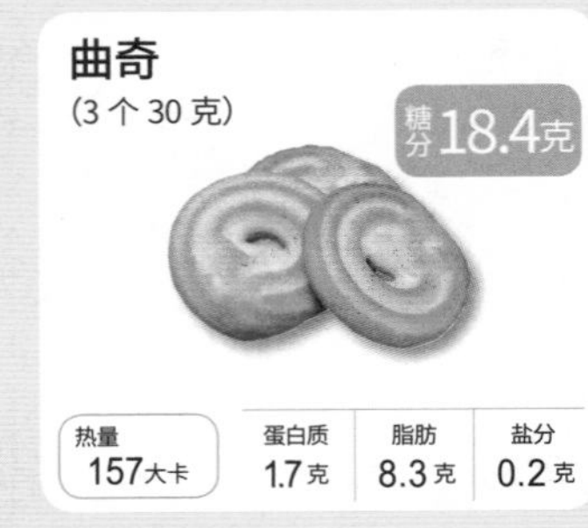

热量	蛋白质	脂肪	盐分
157大卡	1.7克	8.3克	0.2克

华夫
(1 个 40 克)

糖分 15.2克

热量	蛋白质	脂肪	盐分
101大卡	2.9克	3.2克	0.1克

冰激凌
(1 个 100 克)

糖分 22.2克

热量	蛋白质	脂肪	盐分
224大卡	3.1克	13.6克	0.2克

果冻
(1 个 80 克)

糖分 15.6克

热量	蛋白质	脂肪	盐分
71大卡	1.7克	0.1克	0克

花蛋糕
(1 个 110 克)

糖分 47.3克

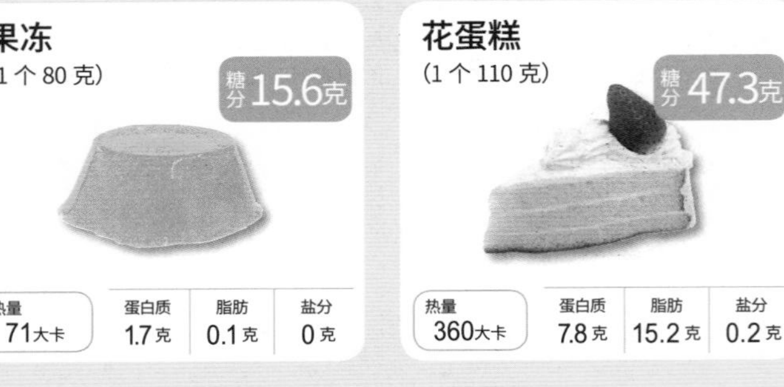

热量	蛋白质	脂肪	盐分
360大卡	7.8克	15.2克	0.2克

蛋糕卷
(1 个 70 克)

糖分 15.6克

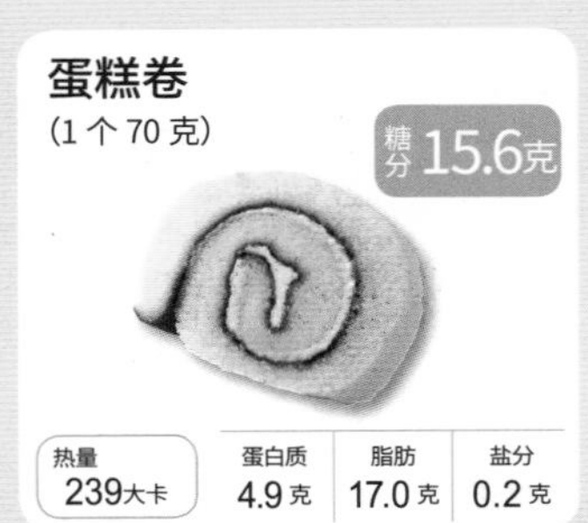

热量	蛋白质	脂肪	盐分
239大卡	4.9克	17.0克	0.2克

水果蛋糕
(1 个 200 克)

糖分 60.2克

热量	蛋白质	脂肪	盐分
590大卡	7.9克	35.5克	0.3克

日式甜点：

豆馅糯米饼
（1 个 40 克）

糖分 25.0克

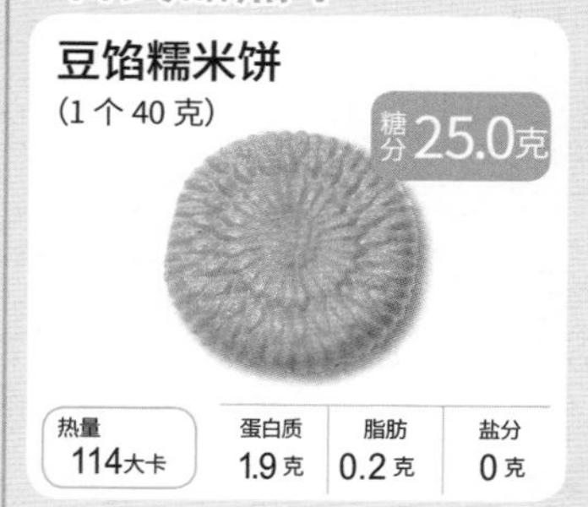

热量	蛋白质	脂肪	盐分
114大卡	1.9克	0.2克	0克

御手洗团子
（1 个 60 克）

糖分 29.6克

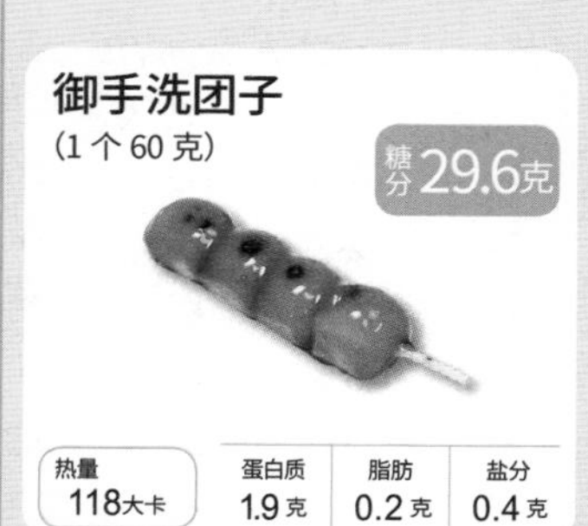

热量	蛋白质	脂肪	盐分
118大卡	1.9克	0.2克	0.4克

铜锣烧
（1 个 60 克）

糖分 33.3克

热量	蛋白质	脂肪	盐分
170大卡	4.0克	1.5克	0.2克

大福糕
（1 个 70 克）

糖分 35.2克

热量	蛋白质	脂肪	盐分
165大卡	3.4克	0.3克	0.1克

蕨饼
（1 个 150 克）

糖分 39.3克

热量	蛋白质	脂肪	盐分
196大卡	3.7克	2.6克	0.2克

饮料：

原味红茶
（1 杯 150 毫升）

糖分 0.2克

热量	蛋白质	脂肪	盐分
2大卡	0.2克	0克	0克

雪碧
（1 杯 200 毫升）

糖分 10.2克

热量	蛋白质	脂肪	盐分
42大卡	0克	Tr（微量）	0.2克

煎茶
（1 杯 150 毫升）

糖分 0.3克

热量	蛋白质	脂肪	盐分
3大卡	0.3克	0克	0克

可可茶
（1 杯 150 毫升）

糖分 10.7克

热量	蛋白质	脂肪	盐分
100大卡	4.2克	4.9克	0.1克

黑咖啡
（1 杯 150 毫升）

糖分 1.0克

热量	蛋白质	脂肪	盐分
6大卡	0.3克	Tr（微量）	0克

橙汁
（1 杯 200 毫升）

糖分 21.2克

热量	蛋白质	脂肪	盐分
82大卡	1.0克	0.2克	0克

咖啡橙汁
（1 杯 200 毫升）

糖分 5.5克

热量	蛋白质	脂肪	盐分
71大卡	3.5克	3.8克	0.1克

可乐
（1 杯 200 毫升）

糖分 22.8克

热量	蛋白质	脂肪	盐分
92大卡	0.2克	Tr（微量）	0克

蔬菜汁
（1 杯 200 毫升）

糖分 10.1克

热量	蛋白质	脂肪	盐分
45大卡	1.2克	0.1克	0.2克

酸奶
（1 杯 200 毫升）

糖分 24.4克

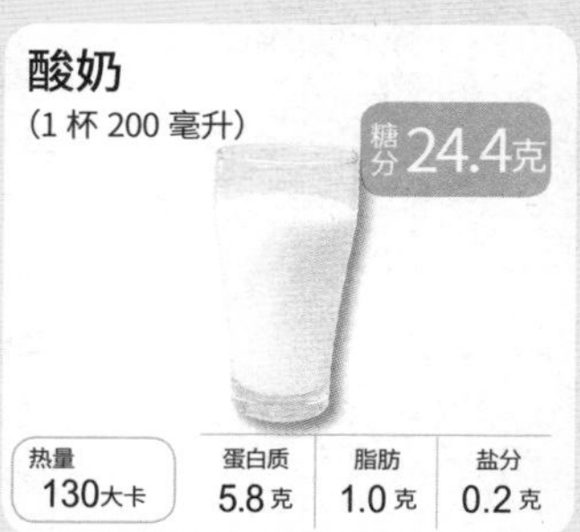

热量	蛋白质	脂肪	盐分
130大卡	5.8克	1.0克	0.2克

各类食材的糖分对照表

以下，我们整理了常用食材中包含的糖分、热量、蛋白质、脂肪、盐分的数值。为了做饭或买东西时方便，一般都以每次购买的量为标准。

注：下列数据出自《日本食品标准成分表 2015 年版》（第 7 次修订）。
含糖量是从碳水化合物中减去食物纤维计算得出。“Tr”是微量的意思。

分类		品名	重量	糖分 / 克	热量 / 大卡	蛋白质 / 克	脂肪 / 克	盐分 / 克
谷类	米饭和糯米	糯米	1 个（50 克）	25.2	117	2.0	0.3	0
		粥	1 碗（200 克）	31.2	142	2.2	0.2	0
		糙米饭	1 碗（150 克）	49.3	246	6.2	1.5	0
		白米饭	1 碗（150 克）	53.7	252	5.3	0.5	0
	面包类	小面包	1 个（30 克）	14.0	95	3.0	2.7	0.3
		面包（6 片切片装）	1 块（60 克）	26.6	156	5.4	2.5	0.7
		黑麦面包（6 片切片装）	1 块（60 克）	28.2	158	5.0	1.3	0.7
		法国面包	2 片（60 克）	32.9	167	5.6	0.8	1.0
		百吉饼	1 个（90 克）	46.8	248	8.6	1.8	1.1
	面类	乌冬面（煮）	1 团（170 克）	35.4	179	4.4	0.7	0.5
		荞麦面（煮）	1 团（170 克）	40.8	224	8.2	1.7	0
		中式面条（蒸）	1 团（150 克）	54.8	297	7.9	2.5	0.6
		意大利面（干）	1 束（100 克）	67.8	378	12.9	1.8	0
		中式面条（新鲜）	1 团（130 克）	69.7	365	11.2	1.6	1.3
		挂面（干）	1 团（180 克）	126	641	17.1	2.0	6.8
	其他	饺子皮	5 块（23 克）	12.6	67	2.1	0.3	0
		面包粉（干）	110 克	59.4	373	14.6	6.8	1.2
		低筋面粉	100 克	73.3	367	8.3	1.5	0
		上新粉	100 克	77.9	362	6.2	0.9	0
		白玉粉	110 克	79.5	369	6.3	1.0	0
		玉米片	110 克	81.2	381	7.8	1.7	2.1
调味料·香辛料	食盐·砂糖·醋	食盐	1 大匙（15 克）	0	0	0	0	14.9
		葡萄酒醋	1 大匙（15 克）	0.2	3	0	Tr	0
		谷物醋	1 大匙（15 克）	0.4	4	0	0	0
		三温糖	1 大匙（9 克）	8.9	34	Tr	0	0
		上白糖	1 大匙（9 克）	8.9	35	0	0	0
	酱油	淡酱油	1 大匙（18 克）	1.0	11	1.0	0	2.9
		浓酱油	1 大匙（18 克）	1.4	14	1.4	0	2.6
	汤汁	鲣鱼汤汁	100 克	0	2	0.4	0.1	0.1
		中式高汤	100 克	Tr	3	0.8	0	0.1
		固体肉汤	1 个（5 克）	2.1	12	0.3	0.2	2.2

分类		品名	重量	糖分/克	热量/大卡	蛋白质/克	脂肪/克	盐分/克
调味料·香辛料	味噌	淡色味噌	1大匙（18克）	3.1	35	2.3	1.1	2.2
		红色味噌	1大匙（18克）	3.1	33	2.4	1.0	2.3
		甜味噌	1大匙（18克）	5.8	39	1.7	0.5	1.1
	香辛料	鱼酱油	1小匙（5克）	0.1	2	0.5	0	1.1
		生姜（碎末）	1小勺（6克）	0.5	3	0	0	0.1
		咖喱粉	1小勺（2克）	0.5	8	0.3	0.2	0
		芥末粒	1小勺（5克）	0.6	11	0.4	0.8	0.2
		绿芥末	1小勺（6克）	2.4	16	0.2	0.6	0.4
		黄芥末	1小勺（6克）	2.4	19	0.4	0.9	0.4
	辣味调料	辣油	1小勺（4克）	Tr	37	0	4.0	0
		豆瓣酱	1小勺（7克）	0.3	4	0.1	0.2	1.2
	辣酱油	英国辣酱油	1大勺（17克）	4.5	20	0.2	0	1.4
		中浓度辣酱油	1大勺（17克）	5.1	22	0.1	0	1.0
	调味酱	蚝油	1大勺（18克）	3.3	19	1.4	0	2.1
		烧肉用酱	1大勺（17克）	5.5	29	0.7	0.4	1.4
		白酱油	100克	8.8	99	1.8	6.2	1.0
	其他	蛋黄酱	1大勺（12克）	0.1	82	0.3	9.0	0.2
		面酱	1大勺（16克）	3.2	16	0.7	0	1.6
		番茄酱	1大勺（15克）	3.9	18	0.2	Tr	0.5
		纯料酒	1大勺（18克）	7.8	43	0.1	Tr	0
		日式甜料酒	1大勺（18克）	10.0	41	0	0	0
		蜂蜜	1大勺（15克）	18.0	67	0.1	0	0
水果类		柚子汁	1大勺（15克）	1.0	3	0.1	Tr	0
		牛油果	1个（150克）	1.4	281	3.8	28.1	0
		草莓	1个（20克）	1.4	7	0.2	0	0
		柠檬	1个（100克）	7.6	54	0.9	0.7	0
		橘子	1个（80克）	8.8	37	0.6	0.1	0
		哈密瓜	1块（90克）	8.9	38	0.9	0.1	0
		猕猴桃（绿色）	1个（85克）	9.3	45	0.8	0.1	0
		巴伦西亚橘子	1个（120克）	10.8	47	1.2	0.1	0
		菠萝	1/4个（100克）	12.5	53	0.6	0.1	0
		西柚	1个（210克）	18.9	80	1.9	0.2	0
		香蕉	1个（90克）	19.3	77	1.0	0.2	0
		葡萄	1串（130克）	19.8	77	0.5	0.1	0
		梨	1个（210克）	21.8	90	0.6	0.2	0
		桃	1个（255克）	22.7	102	1.5	0.3	0
		柿子	1个（180克）	25.7	108	0.7	0.4	0
		杧果	1个（195克）	30.4	125	1.2	0.2	0
		苹果	1个（255克）	36.5	156	0.5	0.8	0

分类	品名	重量	糖分 / 克	热量 / 大卡	蛋白质 / 克	脂肪 / 克	盐分 / 克
蔬菜类	水芹	1 根（6 克）	0	0	0	0	0
	沙拉菜	1 枚（6 克）	0	1	0.1	0	0
	豆荚豌豆	1 枚（2 克）	0	1	0.1	0	0
	紫苏	1 枚（1 克）	0	0	0	0	0
	大豆豆芽	1 袋（200 克）	0	74	7.4	3.0	0
	鸭儿芹	1 棵（2 克）	0.1	0	0	0	0
	西芹	1 枝（10 克）	0.1	4	0.4	0.1	0
	野姜	1 个（15 克）	0.1	2	0.2	0	0
	扁豆	1 根（8 克）	0.2	2	0.1	0	0
	秋葵	1 根（10 克）	0.2	3	0.2	0	0
	春菊	1 株（30 克）	0.2	7	0.7	0.1	0.1
	青菜	1 株（20 克）	0.2	2	0.1	0	0
	西蓝花	1 房（25 克）	0.2	8	1.1	0.1	0
	莴苣	1 枚（15 克）	0.2	2	0.1	0	0
	芦笋	1 根（20 克）	0.4	4	0.5	0	0
	红叶生菜	1 枚（30 克）	0.4	5	0.4	0.1	0
	贝裂菜	1 包（40 克）	0.5	8	0.8	0.2	0
	香菜	1 株（10 克）	0.5	3	0.2	Tr	0
	豆荚	1 个（7 克）	0.5	3	0.2	0	0
	菠菜	1 束（200 克）	0.6	45	4.4	0.8	0
	生姜	1 个（15 克）	0.7	5	0.1	0	0
	大蒜	1 个（10 克）	0.7	5	0.2	0	0
	花椰菜	1 个（35 克）	0.8	9	1.1	0	0
	水菜	1 株（45 克）	0.8	10	1.0	0	0
	小西红柿	1 个（15 克）	0.9	4	0.2	0	0
	小松菜	1 束（200 克）	1.0	28	3.0	0.4	0
	青椒	1 个（40 克）	1.1	9	0.4	0.1	0
	韭菜	1 束（100 克）	1.3	21	1.7	0.3	0
	芹菜	1 根（65 克）	1.3	10	0.3	0.1	0.1
	卷心菜	1 枚（50 克）	1.7	12	0.7	0.1	0
	白菜	1 枚（100 克）	2.0	14	0.8	0.1	0
	西葫芦	1 棵（150 克）	2.3	21	1.9	0.1	0
	黄瓜	1 根（120 克）	2.3	17	1.2	0.1	0
	绿豆豆芽	1 袋（200 克）	2.6	28	3.4	0.2	0
	蚕豆	1 把（25 克）	3.2	27	2.7	0.1	0
	芜菁	1 个（100 克）	3.4	21	0.6	0.1	0
	毛豆	1 袋（200 克）	4.2	149	12.9	6.8	0
	茄子	1 根（150 克）	4.4	33	1.6	0.1	0
	大葱	1 根（100 克）	6.1	34	1.3	0.1	0
	西红柿	1 个（200 克）	7.4	38	1.4	0.2	0.1

分类		品名	重量	糖分 / 克	热量 / 大卡	蛋白质 / 克	脂肪 / 克	盐分 / 克
蔬菜类		黄辣椒	1 个（150 克）	8.0	41	1.2	0.3	0
		红辣椒	1 个（150 克）	8.4	45	1.5	0.3	0
		胡萝卜	1 根（200 克）	11.4	88	3.6	0.4	0
		甜玉米	1 根（100 克）	13.8	92	3.6	1.7	0
		洋葱	1 个（200 克）	14.4	74	2.0	0.2	0
		莲藕	1 节（120 克）	16.2	79	2.3	0.1	0.1
		牛蒡	1 根（180 克）	17.4	117	3.2	0.2	0
		干萝卜丝	1 袋（50 克）	24.2	162	4.5	0.4	0.3
		萝卜	1 根（900 克）	24.3	162	4.5	0.9	0
		南瓜	1/4 个（360 克）	29.2	176	5.8	0.4	0
薯类和魔芋类	薯类	芋头	1 个（60 克）	6.5	35	0.9	0.1	0
		马铃薯	1 个（100 克）	6.1	70	1.8	0.1	0.2
		山药	1/2 根（100 克）	12.9	65	2.2	0.3	0
		红薯	1 块（180 克）	54.6	252	1.6	0.9	0
	魔芋	魔芋丝	1 团（200 克）	0.2	12	0.4	0	0
		魔芋	1 枚（250 克）	0.8	18	0.3	0.3	0
蘑菇类		蘑菇	1 个（10 克）	0	1	0.3	0	0
		冬菇	1 个（15 克）	0.3	4	0.6	0.1	0
		灰树花菌	1 包（150 克）	1.3	23	3.0	0.8	0
		丛生口蘑	1 包（100 克）	1.8	17	2.7	0.5	0
		朴蕈	1 袋（100 克）	2.0	15	1.8	0.2	0
		木耳（干）	1 袋（15 克）	2.1	25	1.2	0.3	0
		杏鲍菇	1 根（45 克）	2.2	9	1.3	0.2	0
		金针菇	1 束（85 克）	3.2	19	2.3	0.2	0
海藻类		寒天	1 枚（100 克）	0	3	Tr	Tr	0
		生结缕草	1 袋（100 克）	0	4	0.2	0.1	0.2
		烤紫菜	1 枚（3 克）	0.2	6	1.2	0.1	0
		裙带菜（干）	1 袋（10 克）	0.6	14	1.8	0.4	2.4
		羊栖菜（干）	1 袋（20 克）	0.8	29	1.8	0.6	0.9
		裙带菜（新鲜）	1 袋（100 克）	1.3	10	1.2	0.1	1.0
		加盐海带	1 袋（30 克）	7.2	33	5.1	0.1	5.4
油脂类	油脂	亚麻籽油	1 大匙（12 克）	0	111	0	12.0	0
		白苏油	1 大匙（12 克）	0	111	0	12.0	0
		橄榄油	1 大匙（12 克）	0	111	0	12.0	0
		芝麻油	1 大匙（12 克）	0	111	0	12.0	0
		色拉油	1 大匙（12 克）	0	111	0	12.0	0
		无盐黄油	1 大匙（12 克）	0	92	0.1	10.0	0
		含盐黄油	1 大匙（12 克）	0	89	0	9.7	0.2
	人造黄油	软人造黄油	1 大匙（12 克）	0	92	0.1	10.0	0.2
		食用涂脂	1 大匙（12 克）	0	76	0	8.3	0.1

分类		品名	重量	糖分 / 克	热量 / 大卡	蛋白质 / 克	脂肪 / 克	盐分 / 克
肉类	牛肉	牛肩里脊	100 克	0.2	411	13.8	37.4	0.1
		牛排肉	100 克	0.3	517	12.8	39.4	0.1
		牛肉末	100 克	0.3	272	17.1	21.1	0.2
		牛腰肉	100 克	0.3	498	11.7	47.5	0.1
		牛腿肉	100 克	0.5	259	19.2	18.7	0.1
		牛肝	100 克	3.7	132	19.6	3.7	0.1
	鸡肉	鸡翅肉（带皮）	100 克	0	210	17.8	14.3	0.2
		鸡肉馅（带皮）	100 克	0	186	17.5	12.0	0.1
		鸡腿肉（带皮）	100 克	0	204	16.6	14.2	0.2
		鸡脯肉	100 克	0.1	109	23.9	0.8	0.1
		鸡胸肉（带皮）	100 克	0.1	145	21.3	5.9	0.1
		鸡肝	100 克	0.6	111	18.9	3.1	0.2
	猪肉	猪肩里脊	100 克	0.1	253	17.1	19.2	0.1
		猪排肉	100 克	0.1	395	14.4	35.4	0.1
		猪肉末	100 克	0.1	236	17.7	17.2	0.1
		猪肩肉	100 克	0.2	216	18.5	14.6	0.1
		猪腿肉	100 克	0.2	183	20.5	10.2	0.1
		猪里脊	100 克	0.2	263	19.3	19.2	0.1
		猪肝	100 克	2.5	128	20.4	3.4	0.1
	加工肉	培根	100 克	0.3	405	12.9	39.1	2.0
		烤牛肉	100 克	0.9	196	21.7	11.7	0.8
		里脊火腿	100 克	1.3	196	16.5	13.9	2.5
		咸牛肉罐头	100 克	1.7	203	19.8	13.0	1.8
		香肠	100 克	3.0	321	13.2	28.5	1.9
鱼贝类	鱼类	竹荚鱼	1 条（70 克）	0.1	88	13.8	3.1	0.2
		沙丁鱼	1 条（50 克）	0.1	85	9.6	4.6	0.1
		鲽鱼	1 片（100 克）	0.1	93	18.0	1.8	0.3
		红金眼鲷	1 片（80 克）	0.1	128	14.2	7.2	0.1
		鲑鱼	1 片（100 克）	0.1	138	22.5	4.5	0.1
		蓝色马鲛	1 片（80 克）	0.1	142	16.1	7.8	0.2
		秋刀鱼	1 条（100 克）	0.1	318	18.1	25.6	0.4
		小干白鱼	1 包（30 克）	0.1	62	12.2	1.1	2.0
		真鲷	1 片（80 克）	0.1	114	16.5	4.6	0.1
		鳕鱼	1 片（80 克）	0.1	62	14.1	0.2	0.2
		金枪鱼（红身）	1 包（80 克）	0.2	100	21.1	1.1	0.1
		青花鱼	1 块（75 克）	0.2	185	15.4	12.6	0.2
		鰤鱼	1 片（100 克）	0.3	257	21.4	17.6	0.1
		鲣鱼（秋天捕获）	1 片（300 克）	0.6	495	75.0	18.6	0.3
	贝类	玄蛤	1 袋（100 克）	0.4	30	6.0	0.3	2.2
		扇贝（贝柱）	1 个（30 克）	1.1	26	5.1	0.1	0.1

分类		品名	重量	糖分 / 克	热量 / 大卡	蛋白质 / 克	脂肪 / 克	盐分 / 克
鱼贝类	贝类	蚬贝	1 袋（100 克）	4.5	64	7.5	1.4	0.4
	虾和鱿鱼类	虾（黑虎）	1 条（30 克）	0.1	25	5.5	0.1	0.1
		咸鲑鱼子	1 包（100 克）	0.2	272	32.6	15.6	2.3
		煮章鱼	1 根触角（150 克）	0.2	149	32.6	1.1	0.9
		枪乌贼	1 个（225 克）	0.2	187	40.3	1.8	1.1
		海胆	1 片（10 克）	0.3	12	1.6	0.5	0.1
	加工品	烟熏三文鱼	1 包（100 克）	0.1	161	25.7	5.5	3.8
		红白鱼肉卷	1 枚（5 克）	0.6	4	0.4	0	0.1
		鱼圆	1 个（20 克）	1.3	23	2.4	0.9	0.3
		炸鱼肉饼	1 枚（30 克）	4.2	42	3.8	1.1	0.6
		鱼肉香肠	1 根（75 克）	9.5	121	8.6	5.4	1.6
		烤鱼糕	1 根（70 克）	9.5	85	8.5	1.4	1.5
		鱼肉山药糕	1 枚（125 克）	14.3	118	12.4	1.2	1.9
	罐头	金枪鱼罐头（水煮）	1 罐（70 克）	0.3	68	12.8	1.8	0.5
		油泡沙丁鱼罐头	1 罐（100 克）	0.3	359	20.3	30.7	0.8
		青花鱼罐头（水煮）	1 罐（180 克）	0.4	342	37.6	19.3	1.6
		青花鱼罐头（味噌煮）	1 罐（180 克）	11.9	390	29.3	25.0	2.0
大豆制品	油炸类	炸豆腐块	1 个（100 克）	0.2	150	10.7	11.3	0
		油炸豆腐	1 个（50 克）	0	144	9.1	11.7	0
		油炸冻豆腐	1 个（20 克）	0.3	107	10.1	6.8	0.2
	豆腐	木棉豆腐	1 块（300 克）	1.2	240	21.0	14.7	0
		烤豆腐	1 块（300 克）	1.5	264	23.4	17.1	0
		嫩豆腐	1 块（300 克）	3.3	186	15.9	10.5	0
	纳豆	拉丝纳豆	1 盒（50 克）	2.6	100	8.3	5.0	0
	豆类	大豆罐头（水煮）	1 罐（100 克）	0.9	140	12.9	6.7	0.5
		黄豆粉	1 大匙（6 克）	0.9	27	2.2	1.5	0
	其他	新鲜豆腐渣	1 袋（100 克）	2.3	111	6.1	3.6	0
		豆奶（无添加）	1 杯（150 克）	4.4	69	5.4	3.0	0
		豆奶	1 杯（150 克）	6.8	96	4.8	5.4	0.2
鸡蛋和奶制品	鸡蛋	鹌鹑蛋	1 个（13 克）	0	23	1.6	1.7	0
		鸡蛋	1 个（50 克）	0.2	76	6.2	5.2	0.2
	奶酪	帕尔玛干酪	1 大匙（6 克）	0.1	29	2.6	1.8	0.2
		混合干酪	1 片（20 克）	0.3	68	4.5	5.2	0.6
		奶油干酪	1 个（18 克）	0.4	62	1.5	5.9	0.1
		农家干酪	1 个（100 克）	1.9	105	13.3	4.5	1.0
	奶	鲜奶油（植物脂肪）	1 大匙（15 克）	0.4	59	1.0	5.9	0.1
		鲜奶油（乳脂）	1 大匙（15 克）	0.5	65	0.3	6.8	0
		牛奶	1 杯（150 克）	7.2	101	5.0	5.7	0.2
		低脂牛奶	1 杯（150 克）	8.3	69	5.7	1.5	0.3
		酸奶（无糖）	1 盒（400 克）	19.6	248	14.4	12.0	0.4